心灵革命

19个改变人生的善意法则

[意]皮耶罗·费鲁奇（Piero Ferrucci）———— 著
聂传炎———— 译

THE POWER OF KINDNESS:
The Unexpected Benefits
of
Leading a Compassionate Life

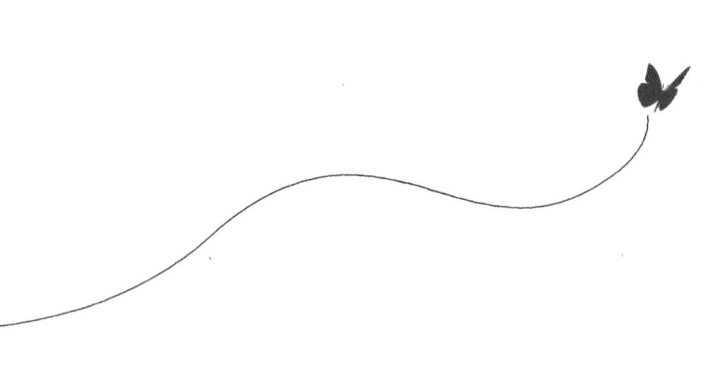

Contents 目录

自序一　时间、美好和善意　/ 1

自序二　行善：一种古老而全新的生活方式　/ 10

1　诚实　一切变得更容易了　/ 1

2　无害　不伤害别人是最高法则　/ 13

3　温暖　幸福的温度　/ 27

4　宽恕　活在当下　/ 39

5　联结　感动人，也被感动　/ 53

6　归属感　我归属，所以我存在　/ 65

7　信任　你愿意冒险吗　/ 77

8　正念　唯一的时间就是现在　/ 89

9　同理心　感觉的扩展　/ 101

10 **谦卑** 世上并非唯你独尊 / 115

11 **耐心** 你是否落下了自己的灵魂 / 127

12 **慷慨** 重新定义边界 / 139

13 **尊重** 观察和倾听 / 151

14 **灵活性** 适者生存 / 167

15 **记忆** 你有没有忘记什么人 / 181

16 **忠诚** 不要乱了头绪 / 195

17 **感恩** 获得快乐的终南捷径 / 209

18 **助人为乐** 美好的机会 / 221

19 **快乐** 我们的自然状态 / 237

结语 如何才能行善 / 248

附录 练习 / 255

致谢 / 263

自序一 时间、美好和善意

我想给大家介绍罗伯托，他是意大利的历史小镇菲耶索莱的一名停车管理员。我每天都去这个小镇上班。大家都知道停车的程序：停好车后把硬币投入机器，打印纸质单据放到仪表盘上，然后开始计时。罗伯托会走来走去地进行检查。一般来说，这个角色并不讨人喜欢，可罗伯托却是镇子上最受欢迎的人，几乎每个人都是他的朋友。他要么告诉我他去了教堂塔楼楼顶，从那里看去景色有多么美；要么告诉我车的左前胎有点儿瘪；要么他会向我描述在他小的时候，菲耶索莱是什么样子（他碰见谁都这样）。如果你违反了停车规定，他会给你温和的警告，因为他认识每个人的车，也知道每个人在哪儿。信不信由你，他经常来按我工作室的门铃，提醒我该交费了。他会让你在停车时间上占点儿便宜，但不会太多。他不喜欢拿出绿色的本子开罚单，好在通常他不需要这样做，因为大家都觉得他很友好，都会按时付钱。如今世界变得越来越没有人情味了，超市里电脑语音会跟你说"你好"和"再见"，大家都盯着自己的手机，边看电视、电脑或手机屏幕边吃饭，然后孤独地死去。人与人之间的接触与温暖已经日渐稀少、濒临灭绝，像罗伯托这样的人简直就是个奇迹。

这本书的内容就是，善意可以填满你的每一天。善意原本在人类精神中非常富足，但现在竟濒临灭绝，它是我们都渴望的温暖、关注、关心和交流。重点在于，对别人善良也是对自己善良，反之亦然。

我会从一个不常见的角度开始——时间。它是所有问题中最神秘的一个。因此我现在问大家几个问题：你怎样看待时间？你是否感觉自己还有大把时光所以不必匆忙，是否因时间充裕而感到快乐？或者恰恰相反，你觉得时间永远不够，哪怕浪费几分钟也会惊慌失措？你是否觉得时间一去不返，就像沙漏中几秒之后就要漏完的沙子？

不管你的人生目标是什么，你都会乐意拥有更多的时间，毕竟我们的生命是由时间构成的。假设你现在日程安排很紧，觉得时间不够用，但你并没有因此减少工作量，反而有所增加，比如做志愿者、给医院里的孩子们读书、遛流浪狗、清理海滩，然后你再问问自己，对时间的感觉如何？你的时间稀缺程度是不是已经到了最高警戒线？答案应该很明显，除去额外工作所花的时间，你拥有的自由时间更少了，对吗？其实不是这样的。事实上你可能觉得自己拥有的时间更多了。最近关于时间流的研究也验证了这一点。这是因为我们的心灵采取的是另一种算法：善意和慷慨的行为让我们感觉时间更充裕。

不管我们对时间的测量多么精确，都不能忽视关键的一点：时间是主观的。我们的内心时间可能会延长或缩短，面对同样长短的时间，我们可能会觉得它短暂得令人痛苦，或是长得可怕。在最美好的时刻，时间甚至会消失，至少有几个时刻是如此：当我们沉浸在爱情、美丽或奇迹中时，秒针的嘀嗒声好像已经停止或被彻底遗忘。那是我们最珍贵的时光。

我们来看看心灵的深层结构。我们的整个存在是由时间定义的，那么如何让自己感觉时间充裕、让时间成为我们的朋友而不是烦恼之源？该怎么激活大脑、打开心理空间呢？答案是借助于善意。在我们内心的众多变化之中，善意就像个触发器，可以让我们感觉自己有更多的自由和呼吸空间。正如我们将在本书中反复看到的，善意不仅仅是锦上添花，而是我们的存在状态。

过去几年中，人们开始关注善意给健康带来的益处。这个趋势当然很棒，也令人宽慰。但是我看到了其中的危险所在，那就是有些人把善意看作是西蓝花或锻炼之类的东西，看作不过是让身体更健康的新手段而已。锻炼身体、吃健康的食物是个好习惯，可对善意而言，其中的危险在于"我会去做善事因为这可以让我释放更多血清素"这样刻意的外在态度会让我们忽视善意的本质，让我们探索爱的辽阔而美妙的疆域时放慢脚步。

因此在急于获得善意的回报之前，让我们先做个思维实验：假设善意不会带来科学家所声称的任何益处，他们不过是在骗我们（当然这是自相矛盾的）。也就是说，即使你心怀善意，也不会变得时间宽裕、生活圆满、免疫功能强、长寿、事业有成、成名以及拥有自尊或归属感，你还会对善意感兴趣吗？我希望如此，因为善意的最大回报恰恰就是善意本身，其余不过是附属品而已。善意本身就是回报，如果我们试图寻找善意的其他好处，可能会错过它最主要的优点。

现在我们再考虑一个因素：美。假设你决定花些时间来享受美，无论选择哪种方式，比如身处大自然的美景之中、聆听音乐、阅读小说、观看戏剧和电影，或者仅仅是端详某张脸。很显然，美会给人带来享受。心理治疗师的经历告诉我，我们很多人都缺乏美的体验，因为我们太忙了，或自认为配不上美，或认为其他事情更重要。但现在请假设，你有时间、能以最恰当的方式去享受美。研究表明这样做的结果就是，你会变得更善良。

是的，美可以让你变得更好。记得那次在佛罗伦萨，我刚听完安杰拉·休伊特的音乐会出来，看到出口处有个老妇人在乞讨。刚听完巴赫的人们情绪高涨地往外涌，老妇人看上去非常高兴，因此我忍不住问她生意怎么样。她对自己的收入很满意，说："真是天时地利！"在某种程度上音乐让人们变得更慷慨。

如果你认为这不过是件奇闻逸事的话，那还有很多研究可以证实这一点。例如，从事艺术工作的人更乐于助人，更愿意建立较为牢固的关系，集体感也更强烈。当人们沉浸于大自然中、回想起某个瞬间或看到美丽的自然风光片时，会不太在意自己日常生活中的烦心事，也会和他人产生更密切的联系。山间风景或林中散步所激发的对自然的敬畏感可以减轻我们的社交压力和日常焦虑，因此同情心和社会纽带就会凸显出来。同时，时间也会变得更宽裕。"着迷"——对美的全神贯注、持续不断的关注让我们更能接触到亲密的感觉，比如爱和温柔。总之，享受美是最简单的善良方式。

在我进行心理治疗的过程中，善意是首要的。看到治疗对象时，我会先问自己，是否有人关心、认真倾听他？他是否得到了应有的重视？在工作中是否有人鼓励、痛苦时是否有人安抚他？换句话说，这个人在现实生活中切实接触了多少善意？对有些人来说，善意是缺席的（遗憾的是这很常见），而后果令人担忧。这会带来什么缺陷？他会因被忽略而受伤、恶毒地怨恨还是深陷孤独的牢笼？最后，我会问自己，他的心在哪里？他能去关心他人吗？愿不愿意去表达感激，又对爱敞开了多大的怀抱？

心理治疗中奏效的手段也适用于现实生活的方方面面。善意是一份珍贵的向导，可以和自我改造结合起来，我们很容易学会并表达它。我们的社会急需善意的特质，诸如温暖、感激或信任。善意比各种愚蠢的暴力行为要有意义得多，是克服障碍、让人感觉良好和享受生活的最佳方式，也是解决问题的头号利器。

然而善意不是立即可见或唾手可得的。它常常只是潜在或正在消逝的回忆、一场梦、一种渴望。然而，它就在那里，因为它是我们基本的渴求，是最初的蓝图，正如我想在本书中展示的那样。在托尔斯泰的寓言故事《人靠什么活着》中，有个贫穷的鞋匠傍晚时分走在回家的路上。他忧心忡忡，发愁该怎么养家糊口。在路上，他看到有个男人赤身裸体地躺在黑夜的雪堆中，冻得奄奄一息。起初这个鞋匠不想理会，他继续向前走。然后他改变主意，返回来，还脱下自己的外套给这个男人穿上，然后把男人带回了家。一开始鞋匠的妻子很生气，可后来也开始照顾这个名叫米哈伊尔的男人，给他热汤喝。米哈伊尔最后留下来为鞋匠工作，他总是很神秘，也很害羞。一年年过去了，有一天鞋匠和妻子听到了这样一个故事。原来米哈伊尔是位流落人间的天使，上帝派他前往人间察看人是靠什么活着的。在米哈伊尔眼中，一开始人类看上去丑陋吓人，但在他们做善事的时候，一切都变了，他们变得光芒四射、美丽动人。最后米哈伊尔知道了答案，准备返回天庭复命：人类是靠爱和团结而活的，这也是人类最擅长、最幸福的所在。

托尔斯泰的想法越来越多地体现在许多科学领域。从这本书的第一版开始，在过去的十年里，对善意以及相关主题的研究有了很大的扩展。我简单举几个值得注意的例子：

相互帮助的黑猩猩：正如弗兰斯·德瓦尔的著作中所展现的，黑猩猩会分享食物，会在同伴遇到困难时出手相助，还会保护弱小、帮助生病的猩猩（例如打水给它们喝）。它们会冒险去保护弱小的同伴免受袭击，会安抚被袭击的受害者，在打斗后会和解。看到利他态度并不独属于人类，这让我们对利他主义有了新的理解：善意涵盖的世界更为广阔，根基也更为深厚。

刚学会走路的孩子也会帮助他人：迈克尔·托马塞洛认为，18个月大的孩子就有自发和无私的利他行为。当看到实验人员想捡掉在地上的木楔子时，他们会主动帮忙捡起来；如果"笨拙的"实验人员堆不好积木，他们会去帮他；看到实验人员想把书放进橱子里时，他们还会帮忙打开橱门。托马塞洛认为，这种人类独有的理解他人意图并与其合作的能力（被称为"共同意向"）是人类进化的主要因素。

帮助邻居的"原始人"：生物考古学这门新兴的科学给我们带来很多惊喜，越来越多的证据显示，重病患者和致残人士要想活到成年时期，必须有他人的帮助才可以。例如，根据洛娜·提利和马克·奥克森汉姆的记录，4000年前的越南一带有个年轻人，他腰部以下瘫痪了，脊椎骨变形，骨头软弱无力，只靠自己的话他根本没办法活下来。他所在的集体帮助了他很多年，并没有要求任何物质上的回报。已知的类似案例至少有30个。即便照顾病人和残疾人没有任何具体的好处，它也是和人类历史一样古老的传统。

大脑天生是利他主义的：很多神经学方面的研究显示，对他人的痛苦和快乐感同身受是我们大脑固有的能力。合作是有回报的，这是合作本身固有的特质。送出礼物和收到礼物同样令人快乐。贾亚克·潘克塞普认为，大脑的内在"关心"系统特别致力于养育和关爱。

交换抚养孩子的父母：我们和其他哺乳动物及鸟类一样，会进行"合作育儿"——我喂养你的孩子，你喂养我的孩子。几百万年前，当我们祖先的生活从树上转移到草原上时，食物变得更加稀缺，生存变得更加艰难，因此很多母亲发明了这个更实用的喂养后代的方法。人类学家卡尔·凡·柴可和朱迪斯·伯卡特认为，这种合作抚养的方式是我们的语言、智力和利他行为进化的主要推动力。

关注善意的经济学家：越来越多的经济学家正在摆脱"理性经济"的概念，也就是经济完全基于理性的自私，每个人为了个人利益都不遗余力、持续不断地行动。在阿马蒂亚·森看来，纯粹理性的人是"社会白痴"。事实上，除了个人利益外，激励我们的因素还包括团结、互助、捐赠和礼物、义务劳动、合作精神和归属感。

类似的例子还有很多。可以说，我们对人类这个物种的认知方法、对人类本性的理解方式奠定了我们对自身的认识。"狗咬狗"的范式很长时间内统治着我们的科学传统、媒体和大众观点，但现在它正在消亡，而一种更全面的观念正在形成：我们的确自私且喜欢竞争，但这并非全部。

不过情况不总是那么明确。数年前，在我写下这本书的前三章后，我决定发给在纽约的经纪人看，想让她了解我的新事业。我在2001年9月11日的早晨发出邮件，当时纽约时间是9月10日的晚上，这样一来我的经纪人会在早晨第一时间看到我的邮件。但是那天发生的悲剧震惊了整个世界。我的经纪人工作的地点距双子大厦只有几公里，所以那天早晨她根本顾不上读我的邮件。听到新闻后，我的第一反应是恐惧和惊慌，也想到了发给经纪人的那几章文字，但现在它们看上去是那么微不足道、无足轻重。暴行获胜！我不仅被吓到，还感到十分气馁。

但是，后来发生的事情很快改变了我的想法。

几天后，我设法通过电话联系上了我的经纪人。当然，她和别人一样感到害怕和惊慌。但是，和她通电话时我发现，来自世界各地的朋友和客户的邮件和电话深深感动了她。那些询问和关心给了她支持，她意识到很多地方的很多人有多么关心她。我立即再次意识到：这世上可能存在谋杀、暴力和自私，但大部分人在内心深处都是乐于助人的。而暴行之所以占据新闻头版头条，只是因为它属于生活中的例外。正因为我们彼此关心，这个世界才得以继续存在。

自序二

行善：一种古老而全新的生活方式

老太太连东西都懒得吃了。她独自活在这个世界上，觉得所有人都忘了她。她很难过，甚至无法吞咽。仅仅想到要消化食物，就让她觉得无法承受。她把自己关在寂静的悲伤中，一心等待死亡。

这时，米莉娜出现了。米莉娜是我姑姑，每天下午她都会像巡逻似的去照顾那些无家可归的人、养老院里被遗忘的老人、没人照顾的孩子、流浪汉和适应不良的边缘人，以及奄奄一息的病人，她会尽力让他们舒服点。

米莉娜见到了这位不吃东西的老太太。米莉娜跟她说话，也想引她开口。老太太用微弱的声音向米莉娜倾诉自家子女的事，说他们太忙不能照顾她，后来就再也没有人来看她了。她没有病，只是因为不想吃东西而没力气，又因为没力气而不想吃东西。

"你想来点儿冰激凌吗？"米莉娜问。让奄奄一息的人吃冰激凌，这主意很怪，但确实起了作用。尽管吃得很慢，但一勺一勺吃进去后，这位老太太的气色、声音和活力都恢复了不少。

这很简单但也很巧妙：给难以进食的人喂美味而容易消化的食物，这会让她很快恢复过来。但这只是一部分原因，米莉娜之所以想到冰激凌只是因为她把老太太放在心上，她看到这位老太太需要的不仅仅是食物，更是关心和照顾——这也是我们每个人都需要的，正如我们需要氧气一样。冰激凌象征的是老太太受到的温暖和关怀，让她的脸庞重新焕发生机的不仅仅是食物，更是一个简单的善意举动。

善意？仅仅接触这个话题就可能让我们感到荒谬，因为我们生存的世界充满了暴力、战争、恐怖主义和破坏。然而生命之所以能延续，正是因为我们彼此心怀善意。没有哪家新闻会报道母亲给孩子讲了个睡前故事，也不会报道父亲为孩子准备早餐，或者某人用心倾听，或者某个朋友鼓舞我们振作起来，又或者某个陌生人帮我们搬运行李……事实上，我们很多人做了善事而不自知。我们之所以这样做仅仅因为它是正确的。

我的邻居尼古拉斯总是很忙，但他不会错过任何帮助他人的机会。不论什么时候，只要我或妻子、孩子需要从我们乡下的家去机场，他都会主动提出送我们。然后，他会把我们的车开回家，停进车库，如果我们长时间不用的话，他还会帮忙把电池取出来。等到我们回来，他又会去机场接我们，不管是数九寒天还是炎炎夏日，他都会出现。

他为什么这样做？是什么让他不论何时都愿意花上半天时间来接送我们呢？他本来可以用这时间做些更紧迫或更有趣的事情。他本来可以把我们送到最近的火车站，让我们搭火车去机场，但是他没有，他提供的是全程服务。他总有办法尽其所能地帮助他人。

这就是纯粹而无私的善意。不管听上去有多么特殊，但也绝非孤例。相反，人与人之间的交往大部分都是靠善意来维系的。我们常听到抢劫和谋杀，但是因为有像尼古拉斯这样的人，世界才继续运转。我们的生活是由关心、相互支持和彼此帮助构成的，它们已经融为日常生活的一部分，以至于我们不曾留意。

接受善意对我们有益，想想别人对你的一个善意举动吧。也许是大事也许是小事，比如某个路人告诉你车站怎么走，某个陌生人跳进河里救起了你。这件事对你有什么影响？可能会是好的影响，因为如果有人在我们需要时伸出援手的话，我们会感到轻松。每个人都喜欢自己说的话有人听，喜欢感受温暖和友好，喜欢被人理解和支持。

这种关系的另一面也会有同样的效果：付出善意和接受善意对我们同样有益。如果你接受我在本书中对善意的广泛定义，你就完全可以说善意的人更健康长寿，更受欢迎也更有创造力，事业上更成功,比别人更快乐,这些也都是经过科学研究证实了的。换句话说,跟那些缺乏善意的人相比,他们注定会活得更有趣,也更充实,他们也能更好地面对生活的无常和惊涛骇浪。

不过我已经听到有人在反对了:如果我们为了感觉更好和更长寿而心怀善意,那我们岂不是在扭曲善意的本质?我们会精打细算以便有利于自己,那就不再是善意了。确实如此,善意的意义来自于它本身,而非其他动机。善意的真正益处在于心怀善意。善意还赋予我们生活的意义和价值,让我们远离麻烦和争斗,让我们自我感觉良好。

在某种意义上,所有显示善意优点的科学研究都是无用的,它和奖励人们去怀有善意一样没有用处,因为善意的全部动机只可能是渴望帮助他人并享受慷慨行为所带来的快乐。但是,换个角度来看,这些研究也非常重要,因为它有助于我们认识自我。如果我们在帮助、同情和接纳他人时变得更健康的话,那就意味着善良是我们的本性。如果任由恶意或积怨滋生,我们就不能达到自己的最佳状态。而如果我们忽略或压抑那些正面的特质,可能会伤人伤己。正如精神病学家阿尔贝托·阿尔贝提所主张的:没有表达出来的爱会变成恨,没有被享受的快乐会变成忧愁。是的,上苍造人的时候,已经为我们设计了一颗善良的心。

对认识自我而言,科学研究是很有用的工具,但并不是唯一和决定性的工具。随年龄增长而带来的智慧、伟大的艺术作品,以及我们的直觉也都能帮到我们。后面我们会看到,善意的方方面面都可能成为一场卓越的心灵升华,可以从根本上改变我们的思考方式和生存方式，让我们的身体和精神得以迅速成长。历史上的诸多精神传统都把善意和利他行为看作人获得救赎和自由的关键，例如，释迦牟尼曾列出了善意的益处，后来莎伦·莎兹伯格在她优美的著作《爱上善意》中引用如下：如果你善良的话——

1. 你会安然入睡。
2. 你会轻松醒来。
3. 你会做美梦。
4. 人们会爱你。
5. 神明和动物会爱你。
6. 神明会保佑你。
7. 外部的危险（毒物、武器和火）不会伤害到你。
8. 你的脸会发光。
9. 你的心灵会很平静。
10. 临死之际会大彻大悟。
11. 你会在极乐世界中重生。

在伟大的诗人眼里，爱护天地万物、与所有生灵和谐共处是生命的真谛，也是人生最伟大的胜利。例如，在但丁的《神曲》中，经历了地狱和炼狱、看到人类的各种堕落和不幸后，但丁升入天堂。在神秘的玫瑰花的花心，他看到了"大笑的美人"圣母玛利亚，也就是女性的原型。在有些学者看来，整部《神曲》就是一趟自我发现之旅，是一个男人和自己的阴柔面以及失去的灵魂的重逢之旅，在这里灵魂意味着心灵，以及去感受和爱的能力。

歌德花费毕生心血写就的代表作《浮士德》可谓殊途同归。根据和魔鬼签下的契约，浮士德必须要找到让他的存在富有意义的时刻，否则他永远是恶魔的俘虏。在寻欢作乐中、在权力和财富带来的愉快中、在知识的宏伟梦想中，他寻找狂喜，但没有找到。最终，他似乎失去了一切，当魔鬼傲慢地走来宣布胜利时，他却在永恒的女性身上找到了生命的完满：爱、柔情和温暖。

让我们回到现实中来。现在应该很清楚了，我讲的是真正的善意。上天让我们免于虚假：自私自利的礼貌、工于心计的慷慨、虚伪的礼节以及违心的善意。有什么比他人出于内疚而帮我们更让人尴尬的呢？精神分析学家还提到了一种特殊的善意，即那种藏起了愤怒的善意，心理学中称其为"反向作用"。因为满怀愤怒这种想法让我们沮丧，所以我们会无意识地掩盖这个黑暗面，反而表现出善意来。但这是虚假做作的，与我们内心的本意毫无关联。另外，软弱有时会伪装成善良的样子：你本来想拒绝却答应了，你表示赞同因为你想做好人，你因为害怕而默许了。如果一个人太好、太顺从，他最终可能是个失败者。

所以让我们远离这些虚假的善意。我的观点是，真正的善意是强大、真诚而温暖的生存方式。它是多种品质相互作用的结果，包括温暖、信任、耐心、忠诚、感激，等等。本书的各个章节将会从以上这些品质的角度来分析善意，它们可以说是同一音乐主题的变奏曲，少了其中任何一种品质，善意都会缺乏说服力，也会不那么真实。如果我们用心培养、发扬光大，每种品质都可以彻底改变我们的灵魂和生活。当这些品质汇聚起来，它们会更有效，意义会更加深远。从这个角度看，善意可以说是心理健康的同义词。

　　善意的特质和它带来的馈赠是多种多样的。为什么心怀感激的人效率会更高？为什么有归属感的人不容易沮丧？为什么利他的人们会更健康？为什么心怀信任的人们会更长寿？为什么当你微笑时别人会认为你更有吸引力？为什么照顾宠物对人有益？为什么那些和他人交流较多的老人不容易得阿尔兹海默病？为什么获得更多爱和关注的孩子会更健康、更聪明？因为所有这些态度和行为都是善意的表现，能让我们更容易做自己想做的、成为想成为的人。道理显而易见：如果与他人相处得更好，我们会感觉更好。

　　我们后面会看到，善意有很多方面，但是其本质再简单不过。我们会发现，善意让我们变得轻松。这是最经济实惠的处世态度，因为它可以节省我们很多的精力，以免浪费在怀疑、担忧、怨恨、操纵以及不必要的防卫上。这种态度是做减法，清除掉那些无关紧要的东西后，我们会回归简单真实的自我。

　　善意是我们内心深处最温柔、最亲密的东西，它存在于人的本性之中，但我们通常不会将它充分表达出来，尤其是男性，女性也是如此。我们害怕一旦暴露这脆弱的一面，我们可能会遭受痛苦，受到冒犯、嘲笑和利用，因此我们宁愿承受隐秘的痛苦。事实上，只要我们触摸这柔软的核心，整个情感世界就会变得充满活力，无数可能性也随之开启。

　　只是，这项工作并不总是那么容易。我们浸淫其中的文化常常会妨碍我们，因为我们正处于"全球冷化"的趋势之中：人际关系变得越来越冷漠，人与人之间的沟通变得越来越匆忙，没有人情味儿。诸如利润、效率这样的价值观越来越重要，其代价就是牺牲人的温暖和真实存在。亲情和友谊都受到了影响，不像以前那么持久了。这种衰退的迹象随处可见，当我们在日常生活中遇到小灾小难时尤为明显。比如你给某人打电话，会听到提前录好的声音报给你几个选项；停车时发现停车场管理员已经被计费码表代替了；你等着朋友的来信却收到一封电子邮件；你深爱的农场也消失了，取而代之的是水泥大楼；当今老年人不再像过去那样受到关心和尊敬了；你的医生更关注检查结果，而不是听你讲述病情之后给你检查；孩子们不再在后院玩球了，他们进入了电子游戏的虚拟世界。同时，日常生活中的温情事物现在已变成商品出售，比如自制冰激凌、古法烘焙的面包、酷似奶奶以前做的意大利面、让你重新体验母胎生活的玩具车、让你模拟面对面交谈的电话。

人类的感情不会一直不变，几个世纪以来它的语气、音调都在变化。现在我们不妨谈谈感情史。我相信我们的心灵正在经历一个冰河时代，它差不多始于工业革命，一直持续到后工业时期。造成冰河时代的原因很多：新的生存环境、新形式的工作、新技术、大家庭的衰退、将人们从出生地连根拔起的大迁徙、价值观念的削弱、当今世界的破碎和浅薄，以及生活节奏越来越快。

不要误会，我并不是在怀古念旧。相反，我认为我们活在一个很特别的时代。若想培养出互助、善良、关心这些品质，我们拥有比以往时代更多的知识、工具和更大的可能性。然而我们正在经历的冰河时代仍让人忧心。至于，抑郁症和焦虑症这两种流行病与冰河时代相伴出现，对此我不会感到惊讶，因为这两种心理疾病最可能的诱因就是缺少温暖、可靠和提供保护的社群，以及日益薄弱的归属感。

善意本身可能看上去无足轻重，却是我们生活的核心因素。善意拥有惊人的力量，足以改变我们，可能比任何其他心态或技术的力量都要大。伟大的英国作家阿道司·赫胥黎在开发"人类潜力"的哲学和方法领域是位先驱者，他研究过种种方法，例如印度的吠檀多哲学、迷幻剂、塑身、冥想、催眠和禅。他在临终前的一次演讲中说："人们常常问我什么是改变生活的最有效的方式，经过这么多年的研究和试验，虽然确实有点难为情，但我还是要说，最好的答案是：善良一点。"

尽管毫无疑问我们心怀利他之心，但同时我们也是这个星球上最残忍的物种。人类的历史充满了邪恶和恐怖，然而认为人性唯善或人性唯恶的看法既是错误的，也是危险的。原始人为了生存而采取暴力手段相互争斗、恃强凌弱，这样的形象有误导的嫌疑。如果我们的长期进化还算成功，那也是因为我们始终是善良的。人类抚养和保护下一代所花的时间比其他哺乳动物都要长得多。人类的相互帮助促进了交流和合作，我们就是以这样的方式来面对困境、开发智力和多种资源。多亏我们曾经付出和收获的那些温暖和关怀，迄今为止我们赢了，因为我们仍在彼此帮助。在21世纪，在这充满暴力的世界里，一个善良的人并不是奇怪的变异体，无论男女，这人懂得怎样将那些曾有助于我们进化的能力发挥到极致。

毫无疑问的是，在更善良的世界中我们会生活得更好。最广义地说，善意是放之四海皆准的疗法。首先对个体来说是如此，因为只有当我们能关怀自己、爱自己时，我们才能过得好；其次对于我们所有人来说也是如此，因为人际关系越融洽，我们会越快乐、越成功。

不管在哪个阶段的教育中，善意都是必不可少的，因为我们在温暖和受关注的气氛中要比在冷漠压抑的气氛中学习效率更高。受善待的孩子可以健康成长，受到尊重和关注的学生能取得更大进步。对健康来说，善意也是必不可少的因素：当病人感受到同情和关心时，他的痛苦会减轻，也恢复得更快。

那么商场上又如何呢？我们依然可以得出相同的结论。剥削员工、破坏环境、欺骗顾客、助长浪费风气的公司可能会在短期内获益，但从长远来看，还是那些不盘剥员工、尊重环境、用心服务客户的公司更有竞争力。

在政治圈内，善意就是放弃专断和报复，尊重他人的观点、需求和历史。大家越来越清楚，用暴力和战争来解决世界的纷争似乎越来越无效，只会带来愤怒，从而产生新的暴力、混乱、资源浪费、痛苦和贫穷。

最后，就人类与自然的关系而言，善意也是急需的。如果我们不尊重和爱护自然，不以应有的善意和敬畏对待自然，最终将自食恶果。

不过，我们依然不知道自己真正是什么样的人，最终论断尚未出现。我们既能犯下最骇人听闻的罪行，也能做出最令人崇敬的行为，但善、恶这两种可能性哪个都不足以成为人性的显性特征。

这取决于我们自己。这是我们每个人的生命抉择：选择自私、行恶的道路，或是选择善良、无私的道路。在人类历史上这样一个激动人心又危险的时刻，善意不是奢侈品，而是必需品。如果我们更善待彼此、更善待我们的星球，我们也许就能生活得更好一点，甚至能繁荣昌盛。当我们变得更善良，说不定到头来会发现，我们已经送了自己一份最好、最明智、最"自私"的礼物。

第 1 章

诚实

一切变得更容易了

古老的阿兹特克人认为，人类生来没有面孔，我们必须在成长过程中慢慢赢回我们的面孔。只有信仰真理，才能赢回自己的脸。如果我们撒谎，或者不知道自己想说什么，我们的面孔就没有形状。只有拥有真实的面孔之后，我们才能走出梦幻的世界。

阿尔伯特·史怀哲荣获诺贝尔和平奖之后，挪威王室邀请他参加庆祝宴会。他们把一盘鲱鱼放到他面前，而这种食物恰恰是他不喜欢的。因此趁女王转过头的一瞬间，他迅速把那盘鲱鱼倒进自己的夹克口袋。"你的鲱鱼吃得可真快，"女王诧异地笑着说，"还想再来点儿吗？"

阿尔伯特·史怀哲不想冒犯王室，所以把不爱吃的鲱鱼藏进自己的衣服口袋里，算是解决了这个问题。至少在那种情境下他也不能拒绝。尽管他耍了个无害的花招，不过那顿晚宴他还是没能彻底消化，以至于在多年以后他仍忍不住想讲出这件事情。这个故事让我想到：我们中间有多少人口袋里也藏着鲱鱼？

诚实经常让人难堪。真相可能很尖锐，让人感觉不舒服；揭示真相的人不够灵活，听到的人也为真相感到不安。"我不喜欢他们把你的头发剪成这样。""你的晚餐清淡无味。""我今晚不想和你在一起。""你得用除臭剂了。""妈妈，我是个同性恋。"这些真相怎么可能充满善意呢？顾名思义，善意应该让人感到舒适、温暖，像羽绒那样轻柔。诚实和善意可以并存吗？还是我们必须二选一？

不久前，我和家人没有买票就上了火车。我们当时打算找车上的售票员补票，当他走过来的时候，我说："我们在火车快开的时候才赶到车站，所以我们想现在补票。"

"不，不是这么回事，"我的妻子薇薇安出其不意地大声说，"我们那会儿有充足的时间。"售票员愣住了。薇薇安无意让我难堪，她只是不会说谎。但我说的也是真话，我们在开车前十分钟到达车站，我几乎没有时间学会使用复杂的售票机。

售票员接受了我的解释，向我露出神秘而会心的表情。我想，他可能也结婚了。

不管真相有时多么令人尴尬，但不想撒谎是人的本性，是自然而然的反应。不久前，我妻子带着六岁的儿子乔纳森一起去买东西，她当时打算将T恤换个尺码，乔纳森好心地喊道："妈妈，我们不是在这儿买的T恤啊！你是在别的店买的。"片刻尴尬之后，真相水落石出了：买T恤的那家店和这家是连锁店，虽然这有点不寻常，但换货还是可以的。孩子们的童言无忌是大好事，除非它妨碍到我们在日常生活中权衡利弊。

乍看起来，说出真相可能比撒谎更不容易，更让人不舒服。正因为我们确信这一点，所以我们更可能出于惰性或恐惧而撒谎，以便掩饰我们的弱点、避免做出解释，或让自己远离麻烦。然而从长远看来，撒谎更难做到，还会把我们的生活变得更复杂。

测谎仪就是基于这个原则。说谎的时候，我们的身体会承受压力，这种压力表现得很明显：出汗、心率增快、肌张力增强和血压升高。虽然这种折磨是无形的，但是科学工具很容易将它揭穿。撒谎的时候，我们往往会急不暇择。如果我们伪装，我们就需要煞费苦心，因为不得不撒谎，又担心被识破。我们尽力避免真相被揭穿，因此会始终焦虑不安。

这是多苦的差事啊！对大脑活动进行电脑扫描的结果显示，说谎的时候我们的大脑必须进行一系列复杂的运算，而说真话的时候则不需要这样做。发明这种方法的科学家认为，大脑在说真话的时候处于"无意识状态"，也就是说我们天生倾向于诚实。

诚实让人感到安心。脏水中潜藏着意想不到的污垢，而干净的水则可以看到海底，即便海底有垃圾和残骸，但也能发现色彩斑斓的鱼群、贝壳和海星。诚实让我们敢正视别人的眼睛，从而洞察他们的内心，因为没有掩饰，没有虚伪。诚实让我们能敞开心扉，并在回忆往事时无须愧疚不安。

诚实具有两重含义，即对自己诚实，和对他人诚实。心理学家西尼·吉拉德在著作《透明的自我》中写道："自我认知是心理健康的必要条件。"可当我们与世隔绝的时候，我们很难认识自我。首先，我们必须让自己敞开心扉，摒弃任何虚伪和掩饰。吉拉德说，所有神经疾病的症状，例如害怕出门或抑郁症，都只是我们为隐藏真实的自己而树起的心理屏障。只要变得更透明，我们就会感到更开心，也能学会坦诚地对待自己，毫不畏惧地正视自己的内心。正如《哈姆雷特》中的波洛涅斯所说："尤其要紧的是，你必须对自己忠实。正像有了白昼才有黑夜一样，对自己忠实，才不会对别人虚情假意。"

让我们考虑一下这种极端的例子：性情古怪的人往往对自己忠诚、完全无意伪装，并高度尊重自己的感受，所以他们的行为在我们看来可能很奇怪、很突兀。以往的研究表明，古怪之人比普通人更长寿、更幸福。从事这项研究的作者针对他们写了一本有趣的书，书中谈到了总是向后倒着走、从加利福尼亚走到伊斯坦布尔的男人；收集别人丢弃的废品，并买下废弃剧院来储存这些废品的女人；骑着用摇摆木马和自行车改装成的新设备四处游走的男人；每晚都喂养鼠群的女人，等等。因为古怪之人的免疫系统很强大，他们无须被迫迎合别人的期望，所以他们更健康、更幸福。

这都是些极端例子，但主题都是诚实。我们完全可以向古怪之人学习。在《神曲》中，但丁描述了地狱中的伪君子。他们走路时必须戴着沉重的金属披肩，披肩表面是金，里面是铅，穿着这样华丽但虚假笨重的衣服是件让人极度疲惫的苦差事。这象征着他们在伪装自己，也永远不会成为真实的自我。不伪装会让我们的生活变得简单、自然，而日复一日的伪装则需要煞费苦心。

让我们回到最初的问题：诚实和善意是不能共存的吗？尽管诚

实有时候如此令人不快，看似和善意截然相反，但两者之间还是有很多共同点的。如果善意在根本上是虚伪的，那就不再是善意，而是矫揉造作的礼貌。它不是发自内心，而是因为害怕冒险、害怕激起强烈的反应或者害怕指责和争论。以下两者你更喜欢哪种呢？是保持真诚的善意并愿意说出令人不快的真相？抑或是为避免冲突而表现出彬彬有礼、感到厌倦却表现出开心的样子、言不由衷地点头、内心痛苦却面带微笑？在我的精神疗法研究中，我见过许多口是心非的人。即使在面对结婚、买房、工作签约等重大事情时，他们也无不点头、任凭他人随意占用自己的时间和空间（"你今天晚上为什么不跟我们出去呢？""你能帮我完成这份工作吗？""你可以在我外出期间帮我照顾两只猫咪吗？""这还用问，当然可以！"）。不敢说"不"，有时甚至会导致灾难。人们不得不和自己不爱的人一起生活，住在自己不喜欢的房子里，从事自己讨厌的工作，并失去内心的安宁。这会迫使他们过着不属于自己的生活，因为他们没有勇气说出那个简单、诚实而坚定的"不"字，而这个字极有可能挽救他们自己和别人的人生。

在一本有名的童书中，有两只年龄不详的河马乔治和玛莎。它们是最好的朋友，经历了友谊中常见的起起伏伏。我最喜欢的片段是乔治拜访玛莎的场景：玛莎很得意地准备了自己的拿手菜豌豆作正餐，可乔治很讨厌这道菜，但又不想告诉玛莎。所以当玛莎进厨房的时候，他就悄悄把汤倒进自己的鞋子里，假装喝完并表现出很喜欢的样子。但是玛莎发现了。片刻尴尬之后，两人达成了共识：因为是朋友，所以他们可以对彼此说真话。比如，他们不必吃自己不喜欢的菜。即使吃了，也不能消化它，这就类似于我们因无力拒绝而做了不愿做的事。有时候，要想善良我们必须首先学会照顾自己。

即使要说出的真相令人不快，即使说"不"会让别人痛苦，我们也应该诚实。如果处理得机智、圆融，那它就是我们做的最善良的事。因为这既尊重了我们正直的天性，也承认了别人可以变得智慧和成熟。我认识的一位音乐老师曾对我说："如果我告诉学生他没有音乐才能，建议他去寻找更适合自己的爱好，而不是鼓励他继续学音乐，我觉得我是善意的。因为，如果为了不伤害他而说些虚伪的话去欺骗他，可能会让他继续努力，但最终会徒然无功。如果我说实话，刚开始他可能会不高兴，但至少他能了解自己的长处和短处，能更清楚地规划接下来该怎么办。对我来说，这才叫真正的善良。"

试想一下，如果你发现有人为保护你而撒谎，比如向你隐瞒重病，或所有人都知道某个坏消息，但就是没有告诉你，或没有人告诉你妆花了或者拉链松开了，你会怎么想呢？这都是出于礼貌和想要保护你。结果就是，你会觉得自己受到了轻视，甚至有遭到背叛的感觉：为什么没有人告诉我呢？

但诚实是一个克服挑战的过程。我们必须慢慢学习，从而变得更强大、更成熟。古老的阿兹特克人认为，人类生来没有面孔，我们必须在成长过程中慢慢赢回我们的面孔。只有信仰真理，才能赢回自己的脸。如果我们撒谎，或者不知道自己想说什么，我们的面孔就没有形状。只有拥有真实的面孔之后，我们才能走出梦幻的世界。

诚实也意味着发现问题，而不是假装问题并不存在。前段时间，我的儿子埃米利奥假期结束以后即将返校，他为此充满了焦虑，根本不想回学校。开学的日子越来越近，就像有只怪兽在威胁他、想要捏碎他一样。此时父母该怎么做呢？我试着为他打气，分散他的注意力，说服他这件事情本身没有那么糟糕，但这都是白费周折。后来我想到，给他买点什么东西说不定会管用。尽管我们家通常不允许吃薯条，但我还是在快餐店给埃米利奥买了薯条。我们禁止的东西，他通常都很喜欢，尤其是垃圾食品。我以为我有了制胜法宝，但是恰恰相反，埃米利奥斩钉截铁地回复我说："爸爸，你不能用薯条来解决问题。"

埃米利奥的意思是，你不能忽视问题的存在，不能用暂时的忽悠来解决问题，你必须坦诚面对问题。为了安慰儿子、转移他的注意力、让他不再焦虑，我给他买薯条，但这根本不是善意的行为。我当时这样做，仅仅为了图简便。后来我找到了更合理的方法，而他当时的回答给我上了诚实的一课。

但是，诚实涉及的不只是生活中的困难和不愉快，更多的是生活中的创造力和美好。令人匪夷所思的是，我们常常会隐藏那些美好的品质，如温柔、友善、独到的见地和软心肠。我们之所以这样做，部分是出于矜持，我们不希望自己的热情让别人不知所措；更多时候是为了保护自己，我们不希望别人那样看待自己，那样我们可能会觉得自己很脆弱、口无遮拦而且很可笑。不如表现得愤世嫉俗一点，甚至苛刻一点，这样至少不会让我们因为毫无保留而感觉到危险。然而这样的话，我们就远离了那个富有灵性和最美好的自我，别人也无法看到它。

不仅如此，谎言有上千副面孔，而真相只有一个。我们可以伪装很多不真实的情感，伪装成各种各样的角色。但是如果我们停止伪装，所有充斥我们生活的诡计和心机都会消失殆尽，让人如释重负！

我在部队的时候，有个军人喜欢吹牛，他经常信誓旦旦地吹嘘他获得了世界冠军，我后来才发现那只是村里的比赛。他是那种无论你说什么都要争强好胜的人。一天晚上，我俩正谈天说地，突然他一改常态，开始讲到对死亡的害怕、内心的空虚和爱情。他完全变了一个人，变得更深刻、更真实。我告诉他，这样的聊天要有价值得多。后来我问他，为什么那天晚上决定脱下自己的面具。他说："有时候，你必须释放自己，说出真相。"

和所有其他人一样，我也常常掩饰自己的情绪。我能理解那些不愿意表露自己真实情感的人。有时候，克制是非常恰当的，有时候却不然。身为专业心理治疗师，我也常常被感动。可是，我可以让来访者发现这一点吗？还是我必须戴着面具假装无动于衷？人们对此众说纷纭。我认为，心理治疗师有时不应该表露自己的感情，因为这可能会造成伤害，并引起误会。然而，良好的关系是心理治疗的必要条件，而只有诚实才能建立这种良好的关系。

有一次，当我听到来访者的故事时，我深深地被感动了。她注意到了，并告诉了我。之后我试着隐藏我的感情，但是她不再相信我了。那一刻，我意识到当我们试着去隐藏自己感情的时候，我们是多么脆弱，多么尴尬！务必要诚实并自如地表达我们的感知和真实的自己，但方式要尽量灵活，把握分寸。哪一种情况下我们更善良呢？是当我们隐藏我们的热情、梦想、好奇和幽默的时候，还是不再隐瞒它们的时候？

因此，诚实不仅和真正的善意和谐共存，它还是善意的必要基础。虚伪的善意都会变质。只要你没有生活在真实之中，你就不能真实地与他人交流，也无法获得信任，也就不能与他人真正建立联系。只要你没有面对严峻的现实，你就会始终活在虚幻的世界里。在那里我们没有立足之地，只有贻害无穷的幻想。因为当我们说谎的时候，我们的生活就离现实越来越远。在充满伪装和幻想的世界里，善意是不可能存在的。

第 2 章

无害

不 伤 害 别 人 是 最 高 法 则

无害是一种很强大的品质，因为它需要自控力，而且培养这种品质并不容易。它绝不是弱者的表现，而是那些不软弱、特立独行、不趋炎附势、不造谣生事、不参与私刑、不僭越、不嚷嚷、不冷嘲热讽、不贪得无厌的人所持有的立场。

想想别人能够通过哪些微不足道的方式让你的生活苦不堪言吧。它们不是战争，不是拷问，不是谋杀，而仅仅是些小事情。例如迟到、问了不该问的问题、音乐音量太大、明褒暗贬、比萨里盐放多了、在音乐会上不合时宜地咳嗽、开车时目中无人、带着脏东西走进来、咀嚼时发出声音、在正餐时间打电话、在公共场合令人尴尬地接吻爱抚、面包屑全掉在了地板上。再比如，你讲笑话时大家没笑，甚至面无表情；别人对你评头论足，引起你不必要的焦虑；当你说话时别人很明显地没有在听；在公共场合传播混乱；在公共场合大声打电话；客人在你家吃完饭总是逗留很久，让你无法抽身等等。

这里只是提到了少数例子，我们的许多行为都会让人感到不愉快，有时是有意的，有时是无意的。除非你是圣人，否则你偶尔也会无动于衷或兴致勃勃地去践踏别人。尽管用恶作剧惹恼别人能给我们带来快乐，但那种做法是正确的吗？正如我在本章想阐释的："无害"才是正确的做法。

乍看之下，无害似乎是种乏善可陈的品质，甚至不算品质。快乐、美丽和爱情才是幸福的保证，而无害好像与此无关，有时候甚至几乎类似于羞辱：你愿意被认为是毫无害处的人吗？但是，我们将会明白，无害是所有其他品质的基础。就像镜片必须有透明度，然后我们才能透过它观察万物；就像必须没有了噪音，然后我们才能听到纯粹的声音。

问题在于，哪怕只是纤毫之恶也能带来很大的伤害。我的一个病人曾经做了个梦：她丈夫准备了很漂亮的蛋糕，从烤箱里拿出来之后就直接端给她。蛋糕非常完美，味道香甜，表皮酥脆，让人馋涎欲滴。但是，刚刚吃了几口她就发现蛋糕中有些极小的苦涩的沙子。沙子虽然很小，但足以毁掉整个蛋糕，毁掉这个梦。事情很快就真相大白，原来是虽然平日里老公总是想方设法地逗她开心，但有时候，他会突如其来地冒出许多恶意的想法。总而言之，没有人是完美的，但梦的判词清晰而洪亮。

无害是一种消极的能力：就是不做伤害别人的事情。但是这单方面的解释不能完全正确地表明无害的深层意义。无害也是一种积极的能力：要做到无害，需要悟性、自律、智慧与和善。著名的印度史诗《摩诃婆罗多》把无害作为一个重要主题，讲述了一则关于加加林隐士的故事。两只燕子在加加林的头上筑巢,并下了蛋。加加林不想让鸟蛋掉到地上碎掉,为了让他头上的鸟巢和鸟蛋保持平衡,他一动不动,夜以继日地打坐,无论天晴下雨,他都安如磐石。当然,这需要持久的注意力。这份工作需要他孜孜不倦、如履薄冰,尽管我们看不见。最终,小鸟孵出来,加加林对它们产生了特别温柔的爱意,就像自己是它们的父亲一样。

每个人或多或少都会有意问自己这样的问题:我对别人的基本态度是什么呢?是攀比和竞争?评判和批评?利用或欺骗?挑战、讽刺或敌视?事不关己?害怕和怀疑?或者相反,是支持、友好、温暖、同心协力?面对这些问题,也许无害能给出答案。这个答案潜藏于我们内心深处,它在内心深处起作用,我们应该去那里寻找它。模棱两可的态度总是伴随着我们,扭曲了我们的人际关系,也因此扭曲了我们整个人生。所以,我们不妨多审视它,这样我们将能更深地了解自己。

毫无疑问,无害是人际关系的必要组成部分。一方面,如果受到恶意的毒害,人际关系就会破裂。有很多例子:夫妻之间互相猜忌、父母轻视自己的孩子、同事之间互相嫉妒、朋友之间热衷于嘲讽和指责。另一方面,良好的人际关系能够增进积极的感情,反过来可以提升创造力和应对能力。最先受益于无害的,是运用它的人。

无害是一种很强大的品质,因为它需要自控力,而且培养这种品质并不容易。它绝不是弱者的表现,而是那些不软弱、特立独行、不趋炎附势、不造谣生事、不参与私刑、不僭越、不嚷嚷、不冷嘲热讽、不贪得无厌的人所持有的立场。所有这些特点造就了他们内在所向披靡的力量。从长远看，比起家财万贯、争强好胜、吹毛求疵、强人所难这些外在的力量，这种内在的力量要更如人意，更强大。

可能执行起来并不容易。例如，吃牛排的时候，我会想到这是某头牛身上的肉，它被残忍地宰杀了，而且可能在它活着的时候一直受到虐待。我吃香蕉的时候，想到在那根香蕉生长的地方孩子们受尽剥削。我穿的 T 恤可能生产于某个偏远国家的工厂，那里的工人备受压迫。开车的时候，想到我正在污染环境。还有，我吃不合时令的蓝莓会想到浪费，因为它们需要从遥远的地方空运过来。我喝咖啡会想到，生产它可能会用到危险的杀虫剂，会严重损害工人的健康，这在我们国家是明令禁止的。我从互联网上非法下载电影，这就参与损害了那些合法售卖该电影的商家利益。我从网上买书，这没有什么不合法，但会促使图书馆受到淘汰。更难的是，患上罕见疾病的我痊愈了，这要归功于动物实验的研究成果。甚至，虽然我的禀赋和勤奋使我在比赛中获胜，但也因此伤害了那些失败的人，他们可能陷入无尽的抑郁之中。那么，我是否当初就不该参与这场竞赛呢？

无害在政治领域最引人瞩目，也最广为人知，有时候也备受争议。最具有代表性的人物是甘地。在梵文经典中，无害是至高无上的法则。甘地认为，无害是包括政治关系在内的任何关系的基础，它不仅能够避免暴力，也能避免对手的任何敌对、辱骂和羞辱。它的出发点就是，通过改善人际关系来和政治对手周旋。

这是重要而艰难的准则，绝不是显而易见的。非暴力的思想与"两害相权取其轻"的理论相矛盾。通常，人们会听到持实用主义原则的人声称，为了实现大多数人的最大利益，你必须使用某种形式的暴力。为了打败恐怖分子，你必须投炸弹，当然仅仅是为了轰炸其军事基础设施，然而失策不可避免。有些人说，为了拯救数千无辜的老百姓，你可以采取不伤及性命的刑讯。基于概率原则，我们为了避免更大的恶而选择了较小的恶。

但是，小恶仍然是恶。如果一个人做了恶事，邪恶不仅会玷污造恶者，也会产生更多邪恶。汉娜·阿伦特已经揭示了"小恶原则"，比如小恶会如何与邪恶政权合谋，最终导致各种各样的暴行和恐怖。她认为，接受小恶是一种危险的妥协，它会让我们不知不觉地接受所有的邪恶。对这类原则，该用什么标准来判断它是否普遍适用呢？这是个复杂的问题，远远超出了本书的讨论范围。以下问题都充满了重重困境，有时候自相矛盾，让人左右为难。例如，为了获得可以拯救生命的情报，你会对他人采用刑讯吗？我不会。但是，为了拯救百万人的生命，你会踩在某个人的脚趾上让他痛苦万分吗？嗯，我想我会的。幸运的是，相比之下我们在日常生活中理解无害的本质和益处要简单得多、清楚得多。

没有人可以说自己完全不会给别人造成伤害。哪怕我们只是迈一步，也会踩死很多微生物。耆那教的僧侣们可能更体贴入微，在走路的时候，为了避免践踏微小的生灵他们会不停地清扫路面。事实上，我们的存在本身以及吃住用行的客观事实就将我们置于伤害他人的境地。我们不可能完全清白无辜。可如果我们能清醒地意识到我们身处万物生灵之间以及自身行为所产生的后果，就能自然而然地做出正确的决定。这也是对无害最好的定义。

任何一个无害的人都会懂得人生无常，充满了压力、恐惧和苦难。亚历山大里亚学派哲学家斐洛说："请善待你遇到的每一个人，因为他们都在忙于人生这场大战。"牢记人人皆处困境能让我们变得更包容。无害也能赐予我们神秘而宝贵的能力，这种能力会让他人感觉更好。"见到你之后，我安心多了。"谁不想听这种评论呢？如果我们收到这种评论，那是因为我们是无害的，我们与生俱来的安慰和治愈他人的能力没有受阻。每个人都有这种潜力。假如我们不去评判、不提建议、不干扰，而仅仅是出现，也极可能让痛苦的人受益。

要透彻理解无害的内涵，我们必须考虑如何使用思想和语言。很显然，辱骂和诋毁是有害的。一旦意识到它们的恶劣影响之后，我们会明白倡导无害是件多么迫切的事。语言有它的影响力。我们每个人都会遭遇语言暴力，尤其是孩子。我们都知道虐待孩子的身体是犯罪，但其实语言暴力也会带来严重的伤害，这种伤害会深深烙印在他们的脑海里。语言暴力还会影响孩子的大脑发育，阻碍左右脑之间的有效交流。最新研究发现，十八到二十五岁的年轻人如果在童年时期遭受过语言暴力（此外没受过其他形式的虐待），就有可能变得更专横跋扈，更易患抑郁症和焦虑症，甚至吸毒，也更容易仇视社会。

流言比辱骂更加危险，因为流言的对象并不在场。它造成的伤害和辱骂一样大，甚至更严重。尽管如此，谁没有说过几句闲话呢？有社会学家说，说闲话是对社会有益的活动，因为它增强了归属感，某种程度上会帮助建立社会规则。可能的确如此，但作为精神治疗师我必须说，我每天都会看到流言、指责和诽谤是怎样给人们的生活带来毁灭性的影响。

人们曾对流言蜚语做过详尽的研究，尤其在社交界和商业界，因为即使流言蜚语只流传几天甚至几个小时，它们也能造成很大的伤害。通常，恶言恶语一出即可传遍千里，大家不分青红皂白对流言坚信不疑，这极有可能在短时间内酿成灾难。每天上演的一幕都非常相似。尽管流言蜚语潜藏着巨大的伤害，但奇怪的是，大家都很容易相信它，并将其迅速地传播开来。一旦它被散播到社会媒体中，那伤害更是变本加厉。想想生活中的例子吧，比如在媒体将流言曝光后人们（尤其是青少年）是如何自杀的。

我们用语言创造了一个环境，然后我们和友邻一起生活其中。宾夕法尼亚大学曾研究过人们生活中的负面用语，并为此调查了美国14个县的8.26亿条推文。这项研究旨在了解充满敌意、挑衅、仇恨的话语的使用情况，并探究是否含负面用语的推文出现得越频繁，该地患心脏病的概率就越高。不过调查发现，用推特软件的大多数是年轻人，而患心脏病的多是老人。所以研究表明，充满敌意的用词和健康问题之间不存在直接关系，但存在间接联系。年轻人越喜欢爆粗口，该地就有越多的老年人患有心脏疾病。在某个特定地域粗鲁用语使用得越频繁，说明那里的社会环境充斥着更多负面的东西，这会给当地的所有人带来健康问题，尤其是老年人。

现在，让我们深入到内心世界吧，因为幸福和不幸、友善和敌意都产生于此。一旦我们贬低或敌视别人，会产生危险的后果。我们与他人的关系通常取决于对他的印象，不过这个印象常常并不全面，甚至可能是夸大的或者错误的。如果这个印象受到负面评价和流言的影响，我们和他的关系就会变得扭曲。而如果我们向其他人泄露了这种印象，将会给他造成不可磨灭的伤害，并且这种伤害可能会持续多年。

评判他人必然伴随着下列行为：我们对一个人的描述和判断强烈地影响了我们对他的看法，也因此决定我们如何跟他相处。与此同时，这个人可能在不断改变，例如，他开始无礼地对待我们，或很冷淡，不回信息。也许他有我们不知道的难言之隐，但我们已经对他的为人以及他对我们的态度有了看法。这个看法可能很歪曲事实，却很难改变。

我们习惯于给别人贴标签：他是偶像、他是个小气鬼、他常对妻子施暴、邻居很漂亮、自然科学老师是个性瘾者……这些描述是真是假？无论真假，仅仅用单个标签来定义某个人，这本身就是暴力行为。

我们每个人是庞大的多样体，由各种各样的性格因素组成。有些性格因素非常突出，有些却很隐蔽或者说很神秘。用单个词来形容某个人，例如"倒胃口""肤浅"或者"无理取闹"，这都属于精神上的速记法，是在对他人匆忙而肤浅地进行分类和记忆。事实上，我们无法用单个词来定义其他人。我们交往的人值得我们花时间更深入地去了解，否则，我们将步入过于简单而又虚幻的世界。不妨想象一下，假如你要和某个银行顾问会面，但有人悄悄告诉你那个顾问没什么能力；或者你将要和某个同事旅行，但有人告诉你他常常独断专行、爱管闲事；或者你正打算和某位女士开展一段重要而亲密的关系时，无意间听说她是个轻浮无情的人。所有这些评判都会影响你的人际关系。有些人可能会对此表示反对，他们会说这些信息有时确实管用，甚至可能是一种责任，因为我们需要提醒我们的朋友他可能正迫近危险。但是，我们所接收和给出的信息又有多真实、多完整、多真诚呢？

对他人的看法会以微妙但顽固、明显的方式影响着我们，这种影响也许要很多年才会显现。可能你听说过皮格马利翁效应，这是很多年前心理学家罗伯特·罗森塔尔发现的。他发现，我们的思想不仅决定我们如何认识别人，而且会最终影响到他们，甚至影响他们的生活。有个经典的实验：一部分老师被告知班上有些学生极其聪明伶俐，事实上这些学生都是随机挑选的，但老师们并不知情。一年以后，不同的考试结果显示，那些被老师认为更聪明的学生比班上其他学生的进步更大。那是怎么回事呢？这并不是心电感应。因为老师们对那些他们以为更有天赋的孩子给予了更多关注，用很多无意识的方式为孩子提供积极向上的动力。可能只是他们的眼神、肢体语言、面部表情、说话的语气，或者对学生的格外关注起了作用，他们发出了无意识的信号，可能老师和学生都没有意识到，但是这些信号被接收并发挥了作用。在商业领域也有个相似的实验。如果经理认为某个员工更有能力、更出类拔萃，这个员工将会变得更能干。微妙的信号和细微的肢体语言组成了我们日常的人际关系，这些都是无意识的存在。只有透过无意识才能觉察到它们，但它们潜藏得很深，会持续很长时间，并将产生重大的影响。

在这本书的后面章节，我们会再次谈论这个主题。但问题是，也会存在戈莱姆效应。试想一下，如果我对某个人有成见，我心里已经对他有了不好的印象，这些成见和印象最终会影响他的心态、行为和自尊。

这虽然匪夷所思，但丝毫也不奇怪。如果父亲或母亲整天垂头丧气地看着自己的女儿，说话的语调也很悲观，传达的都是事情老是干不成的想法，就算他无意强调错误和无能，可除了失败，女儿还能期待什么呢？

卑劣想法可悲又可笑的地方在于，产生卑劣想法的人往往就是最初的受害者。我们常常认为，想法本身无所谓好坏，不会改变任何东西。但事实并非如此。无论是谁，一旦产生消极或者更糟糕的想法，并沉浸其中，那么他们都会最先伤害到自己。受伤害的主要是他们的免疫系统和心血管系统，因为它们承受了压力。

没错，如果我们花时间想这些，跟别人置气，贬低别人，抱怨或诅咒我们的对手，甚至对他们的遭遇幸灾乐祸，那我们无意间就伤害了自己。这种恶意常常源于我们的孤独感、懦弱和安全感缺失。要想做得更好，我们需要了解恶意是如何产生的。

恶意产生的机制如下：如果我告诉自己某某是笨蛋或者恶棍，这种思想就会触发我身体的警告反应机制。就像军队被传唤备战可战事却取消了一样，于是攻击性的力量都向内聚集。通常来说，这仅仅是些微不足道的事情或转瞬即逝的思想，但即便是微不足道的事也会留下痕迹。所以不妨想想看，如果整天想这些事情又会怎样？

以上提到的，可能听起来过于夸张，甚至过于严肃。什么？哪怕在我自己大脑的私密空间，对那些碍事的可恶家伙，我都不能抱怨、评判、告诫、指责、惩罚或者诅咒吗？难道我不能随心所欲地去思想吗？

我的答案是这样的：当然，我们无法控制或终止我们头脑中浮现的每个念头，但是我们可以看看这些念头的大致方向，它们是否充满敌意或争斗？我们是否任由恶意、谴责恣意生长，或者彻底成为偏执狂？我们在进行沉闷的内心独白吗？如果是的话，我们就是自我消极情绪的囚徒，最终会伤害到自己和他人。

这将涉及一个更宽泛的话题：关系的艺术。其重要原则就是，我们的身体、情感、想象力和精神都对他人有影响。我们的内心世界决定了我们的人际关系。我们是想让自己沉溺于责备、愤怒和恶意中，还是更想在我们周围创造幸福与和谐呢？

对于有精神追求或想要寻找意义的人来说，无害也是前提条件，就好比登机前的安检或拿驾照前的体检那样。正如很多圣贤指出，如果你不具备某些先决条件，你就无法找到进入的通道。不是某些可怕的审查阻止了你，而是因为敌意的态度和任何形式的精神成长道路都是不相容的。很简单，如果我们总是尖酸刻薄、喜欢挑剔，如果我们的精神被评判和否定所污染，那么我们就很难或者不可能达到更高层次的认知水平。

不要孤立地去想无害，它不是独立的存在，而是和其他品质诸如温暖、善良、信任等紧密联系在一起的，实际上它是其他任何精神品格的基础。一则印度的传统故事很好地说明了所有价值观的本质特征。国王帕拉德终身都在培养无害的品质，借助长久、细致、认真的内心努力，他最终拥有了巨大的精神力量。某天，有个乞丐来请求他，希望他能将无害作为礼物送给自己。你愿意放弃自己的品质吗？在这个故事里是可以的。国王将自己的无害品质送给乞丐，过了片刻，国王看到有个发光的神灵从自己身体中分离出来并站到他面前，他问："你是谁？""我是你无害的品质，你已经背弃了我，所以我要走了。"说完那个发光的神灵就走了。几天后，同样的事情又发生了。"你是谁？""我是你的内在力量。你的无害的品质走了，所以我也要走了。"几天后又有个发光的神分身出来。"你是谁？""我是你的智慧。没有无害的保佑是不会有智慧的。"然后它也走了。直到最后那个神灵也从国王的身体中出来，它更漂亮也更耀眼，是所有神灵里面最漂亮的。"你是谁？"国王惊慌地问道，"我是斯里，你的美神。"我们每个人都有内在的美，都有朦胧的内在美神斯里。没有了无害的支持，美神也不得不走了。所以国王的余生在灰暗与阴郁中度过。

这个故事的寓意在于，品质与品质之间不是孤立的，它们相互支持。如果我们放弃了道德，忘了去培养无害的品质，我们就无法希望自己是平静和快乐的，也会和这个国王一样失去内在美。

阿希姆萨·帕拉莫·达摩说过，无害是至高无上的法则。只有尊重这一法则，人类社会才有希望存活下去。前文引用过的《摩诃婆罗多》把这个法则比作大船，而人类就好比设法到达遥远陆地的商人。只有彼此尊重、相互合作、彼此无害，人类才能在社会中共存。没有这个法则，整个世界就会陷入黑暗之中。只有具备了无害的品质，我们才能过上真正充实的生活。

第 3 章

温暖

幸福的温度

风和太阳打赌,看谁能先让旅人脱下衣服。风先上场,它吹啊吹啊,但是旅人没有脱掉衣服。风吹得更猛烈了,旅人不但没脱衣服,反而把衣服裹得更紧了。然后风用尽全力,狂风大作,旅人更没有脱掉衣服,为了活命他紧紧抓住了衣服。轮到太阳了,它开始照耀大地。现在风停了,天气变热,旅人脱下了外衣。太阳赢了,它依靠的不是蛮力,而是温暖。

多年前一个冬天的晚上，因为工作原因我要去美国的某个城市。我的航班延误了，碰巧没带现金，没有吃饭，天气还很冷。抵达之后那个地方还停电了，因此我身处黑暗之中。文明提供的所有保护几乎都被剥夺了，我感觉自己慢慢失去了理智。虽然理智告诉我，我并没有身处任何实际的危险之中，但我身上所有原始的报警系统都开启了：饥饿、黑暗、寒冷、没有参照点、周围没有任何友好的迹象。我已经到了不知所措的地步，身处恐慌的边缘。

正当我沿着街道向前走时，突然听到有人叫我的名字。我从来没有这么开心过，也从来没有哪个声音像它那样深深地打动我。那是我要去见的朋友，他——别问他是谁——在黑暗中终于找到了我。那令人安心的声音本身就是温暖。

在那个瞬间，或者说在我吃过东西恢复正常之后，我开始意识到人类的处境有多么危险：在没有人情味的混乱世界中，我们毫无防备、容易受伤。这好像婴儿们的处境，我们和他们一样急需照顾、爱护和温暖。每一天都有无数的人因为缺乏温暖而死去或濒临死亡：无人照料的孩子、薪水太低受到剥削的工人、大城市中被人遗忘的孤独老人。每一天，数以千计的人通过各种替代品来补偿长期无爱的心灵：用食物填饱自己、追逐无爱的性、在消费主义的幻境中追寻虚幻的快乐或者变得更暴力。

通常我们会把触觉和温暖联系起来。但声音是一种远距离的"触觉"，在我们无法接触的时候，声音也可以给我们带来温暖。我们刚才已经看到了，当我在陌生的地方迷路时，是朋友的声音救了我。

我认识的某个女士（我们就叫她多萝西娅吧）给我讲了另外一个故事。有段时间，每天晚上她都会听到隔壁邻居家的女婴在哭。女婴的父母让她独自睡在黑暗中，他们看电视时她会哭很长的时间。她绝望的哭声表达出她所有的痛苦和孤独。多萝西娅应该怎么做呢？她也不确定。去跟这对父母讲可能会让事情变得更糟糕，于是她决定唱歌。正如她能听到婴儿的哭声，这个婴儿也能听到她的声音。每天晚上当他们把孩子放到床上后，多萝西娅就哼唱优美的摇篮曲，隔着薄薄的墙和孩子说话，安抚她。这个婴儿听到友好的声音后停止了哭泣，平静地进入了梦乡。陌生人的声音带来的温暖将她从冷冰冰的孤独中救了出来。

在你的想象中，地狱是什么样子呢？是充满了烟、火、炽热的叉子、肉烧焦的味道吗？因为我们总是被告知地狱里酷热难耐。即使是像伏尔泰这样的理性主义者，临死前看到窗帘掉到壁炉里也会既讽刺又惊慌地大喊："已经烧起来了！"

但是我们真的确定吗？但丁在《神曲》的地狱篇中将地狱最深处、最可怕的地方描述成寂静寒冷之处。那里，犯下最坏罪行的叛徒的头被浸入永远结冰的沼泽中。这些受到诅咒的灵魂没有感情，也不在乎背叛家人、国家和朋友。地狱里黑暗吓人，什么感情都没有，没有温暖，没有爱，只有他独自一人。

后来，但丁爬上了炼狱之山。整个过程孤独而艰难，象征着在寻找自我的道路上净化和强化是必需的。在地狱的顶点，但丁找到了自己昔日的爱人比阿特丽斯，他已经很久没有见过她了。比阿特丽斯在这里象征着真理。她对他很冷淡，没有跑上来拥抱他，她想让他承受自己背信弃义的全部后果。她责怪他："你为什么忽视我？"这既是一个愤怒女人的怒吼，也是真理对那些长久徘徊在歧路上的人的当头棒喝。但丁被冻住了，就像亚平宁山脉上的白雪。但在春日暖阳的照耀下，雪化了，但丁也化了，他落泪哭泣。后来，他"变得纯洁，准备攀爬星辰"。

对但丁来说，正因为有了温暖，才有了所有的感情，也才有了生命。对他来说，温暖也是心灵转变的前提。通常，诗人能体会到科学家和研究人员要在几个世纪之后才发现的道理：没有他人的温暖和亲密，我们无法活下去。几十年以来，我们已经知道没有母亲的温暖，婴儿是活不下来的。触摸、拥抱、保护、养育、爱抚、摇晃，这些身体上的温暖对小生命而言，不是奢侈品而是必需品。如果婴儿得不到这些的话，他们会死掉。如果他们得到的不够，就不会茁壮成长，长大后他们会变得胆小、神经质、好斗，而且容易犯罪。

我们承认自己也和婴儿一样需要温暖——心理上的温暖以及生理上的温暖。有时我们像婴儿那样需要触摸和拥抱，但是大部分情况下，我们需要有人交谈、有人理解和欣赏我们、有人关心我们。温暖这时候不只是一种生理现实，它已经成为一个比喻，成为我们在某人的眼睛里看到的、在她的声音里听到的、在她欢迎我们的方式中感觉到的品质，它是善意的核心所在。

现在温暖已经沦为了商品：如果你真的想要神圣的、能赋予生命和快乐的温暖，而你在自己的生命中找不到它，那么我可以卖给你。我曾经见过一块巨大的橘黄色广告牌，上面是大碗冒着热气的蔬菜汤，下面写着一行法文：这就是"爱"。它是某个跨国公司的速冻食品广告。广告背景是这样的：每个人都很忙，因此晚上没有人会用热气腾腾的美味蔬菜汤迎接你下班。很难想象还有什么比这一碗蔬菜汤更能象征舒适和安心的爱了。喝下几勺热汤，多么令人安慰，多么令人快乐！知道有人爱你而且为你准备了超级美味的东西，这是多大的安慰啊！但某人现在太忙了，或者可能已经忘了你，或者根本就没这么个人，那么这里有碗汤，是在遥远的地方用机器做成的，装在无菌包装里。不用担心，可以马上解冻。毕竟，这没啥差别，不是吗？好了，美味快捷，对每个人都是如此。购买，吃掉它，然后闭嘴！温暖已经包含在售价里了：这就是"爱"。

这是人人吃得到的相同的汤。但若是真正的温暖，没有人是相同的，就好比没有两碗汤是完全一样的。我们都是独一无二的，我们都因为自己的独特性而被爱，虽然我们既有优点也有缺点。我们被爱是因为我们是我们自己，这是无法改变的。可一旦温暖消退，我们会变得一模一样——都是籍籍无名之辈。就好像温暖能给我们的性格带来光亮、让我们感到特别和不可或缺那样，冷淡也可以让我们变成无名的影子。

有一次我不得不去看皮肤科医生。我见到的不是一位医生，而是一整个专家团队。其中有位女医生用透镜检查了我的脚很久，但什么也没说。会诊快结束时，她写完病例后我正打算离开，她抬起头看到我在那儿就说："你是谁？你在这儿做什么？"她没有意识到我就是脚的主人，对她来说我不过是透镜下需要分析的对象，现在她才发现我居然是一个完整的人。当"我"只是没有名字、也不会发出声音的"脚"时，我对她更有意义。这就是匿名。

温暖的另一面是亲密，它可以把生物学意义上的现实变成记忆和比喻。不论是谁，亲近的人是亲密和温暖的，疏远的人则是难以接近和遥不可及的。在我们生命的最初，这是一种生理现象。无论哪个人接近、抱住、抚摸我们，给我们温暖，对我们来说他就是很熟悉的人。新生婴儿通过气味知道谁是自己的妈妈。后来，这种亲密感变得越来越主观，一个和我们亲近的人可能远在千里之外。温暖变得越来越微妙，但其重要性没有降低。亲密不仅是身体上的，更是心理上和精神上的，它是一种能力，既能让自己敞开心扉也能进入他人心扉，既能了解他人也能让他人了解自己。和亲近的人在一起，我们能一无所惧地说出我们自己的梦，展示最奇怪和最难堪的一面。

我们常常把温暖视为理所当然，只有失去的时候才会注意到它的存在，也才体会到它的重要性。我是在很多年前的两场葬礼上明白这个道理的。第一场葬礼是我祖父的，那是我有生以来第一次驾驶载着棺木的车。坐在车里，我能够很清楚地看到周围人们对送葬队伍的反应。那些反应都显而易见，他们停下来让我们通过，有些人摘下帽子，有些人画着十字。这象征着尊敬和认可：有人死了，其他人同表哀悼。我感到安慰，死亡不再是一件孤独的事。

大约30年后，我母亲也去世了。葬礼在同一座城市举行，还是同样的路线和程序，可时代已经变了。行人匆忙路过，丝毫不以为意。这个城市没有停下来，每个人都在忙自己的事情，甚至都没有人意识到有葬礼在进行。我感到自己身处一个更冷漠、更疏远的世界，这才真正明白温暖的重要性，以及获得周围人的支持是多么重要。

然而，要想获得温暖和亲密，中间会有重重阻碍。我们都害怕如果我们离得太近或彻底敞开心扉的话，他人会入侵、控制或伤害我们。某种意义上，这些古老的恐惧是不理智的，但又是合理的。人类已经花了几百万年的时间才变成"个人"，对我们来说保护自己的胜利果实是很自然的事情。我们害怕过于亲密的话边界会消失，我们自己会被碾压成粉末。不过，这些边界又常常会变成障碍，薄膜硬化后什么也无法穿透它，我们相当于把自己关进了一座孤独冰冷的城堡中。

《伊索寓言》中有一则小故事，风和太阳打赌，看谁能先让旅人脱下衣服。风先上场，它吹啊吹啊，但是旅人没有脱掉衣服。风吹得更猛烈了，旅人不但没脱衣服，反而把衣服裹得更紧了。然后风用尽全力，狂风大作，旅人更没有脱掉衣服，为了活命他紧紧抓住了衣服。轮到太阳了，它开始照耀大地。现在风停了，天气变热，旅人脱下了外衣。太阳赢了，它依靠的不是蛮力，而是温暖。

如果把触摸和谈话也包括在内的话，温暖的益处可说是十分巨大。阿什利·蒙塔古在自己的经典之作《触摸》中展示过，触摸能增进所有哺乳动物的健康，包括动物、孩子和成人。此外，神经生物学家詹姆斯·W.普雷斯科特对49种文化研究后也发现，在人们对婴儿施以慷慨的身体爱抚的社会中，炫富、偷窃、杀人和折磨敌人的现象都很少；而在对婴儿身体爱抚较少的社会中，奴役现象经常存在，妇女地位较低，连信奉的神灵都是凶猛好斗之辈。普雷斯科特看到，要将我们狂暴心态转变为平和心态，最佳和最简便的途径就是让一个人在婴儿时期获得温暖，长大后他的生理乐趣也将会变得开放、不压抑。

在过去的几十年中，各种研究已经证实了人类数千年来的本能认知。近几年，这样的研究甚至变得更加具体。对于孩子和青少年来说，父母给予的温暖可以让他们感觉良好、独立并且学业成绩优秀。对成年人来说呢？曾有一万名以色列人受访，被问及诸多关于健康、习惯和环境的问题，其中有个问题是："你的妻子会经常向你示爱吗？"结果发现，回答"不会"的人八成患有心绞痛。即便是只有人说说话，也可以填补孤独的空虚，这是必要的。对老年人来说，光是有机会和人聊天就有助于降低他们患阿尔茨海默病的风险。这仅仅是因为聊天增加了智力方面的刺激吗？不是。另一项研究显示，触摸真的有助于缓解患阿尔茨海默病的老年人的症状，让他们情绪更好。

20世纪50年代，一群哈佛大学的学生被选中参加一个纵向研究项目，关于他们生活的所有数据都被详细收集了起来。36年后，其中有126人同意再次参加这项研究。他们被分成两组，将自己的父母描述为温和、有耐心和深情的被分在一组，另外一组则认为自己的父母没有耐心、冷淡、粗暴。结果发现，第一组成员患溃疡、酗酒、心脏疾病的比例低于平均水平，第二组则是高于平均水平。在第一组中，得过重病的人占比25%，而第二组竟高达87%。

到现在为止你可能注意到了一个有趣的事实。虽然在本书中我们一直在讲付出善意会有什么益处，但这里我们却大谈接受善意的益处。要解决这个矛盾，我们可以问自己几个问题：我们抚摸发出咕噜声的猫时，谁付出了温暖，谁得到了温暖？或者，当我们享受某人的陪伴时，这份关系让谁感受到了温暖？当我们抱着新生儿时，谁付出了柔情，谁获得了柔情？如果我们付出温暖，我们就不会感到寒冷。不论施与受，双方都会受益。当我们付出温暖，我们也付出了我们的存在（这很重要）、积极而中立的态度、我们的心。我们可以给那些接近我们的人带来重要甚至是特别的改变，而我们本身也会发生变化。

如果一个感觉寒冷的人找到了温暖，就好比发现生活有无限可能。感情不再是令人恼怒的变量，而是一种丰裕富足，可以让我们领略未曾想象的事情。对于理智无法了解的事物，我们需要叩问心灵。懂得心灵的运作，我们就有机会了解他人。不是了解统计学意义上的数据或没有生命的木偶，而是了解活生生的人，满怀希望和梦想的人。心灵的运作倚赖直觉，直截了当，不局限于言辞的表面。你知道朋友需要你，因为你是他的朋友。你知道伴侣身处困境或顺境，因为你是他的伴侣。你不用问也能感知孩子的心情，因为你是他的父母。

不妨让我们想象所有感情都消失了的生活吧，那就像干涸了的河流。再想象一下，假设连温暖和感情的回忆都消失了，我们就犹如行尸走肉。在那一个界限分明的世界里，人们唯一在意的只有数字和冰冷的事实。

另一方面，温暖也可能会过了头。我们都很熟悉那样一群人：他们为了温暖不惜任何代价，变得让人无法忍受。他们拥抱我们、触碰我们，无休无止地侵入我们的私人领域。有时候冷淡是必要的，距离和界限也是如此。有时冷眼旁观不是件坏事，抛开情感和偏爱的眼镜来看这个世界，可能会让人拥有全新的视野。

但是，最后我想说，冷漠和缺乏生气的世界就算没有完全置人于死地，终究也是无趣的。让我们想象一下相反的情形吧，假如我们的生活充满了温暖和柔情，我们感到足够强大，能放下自己的防御；我们只需要露个面就能为别人带来宽慰和快乐；我们更了解他人的内心世界，能看穿他人深层次的想法和动机；爱、友谊和善意成为我们生活的意义和最高价值……难道这样感觉不好吗？

我的儿子乔纳森告诉我，有一次学校郊游，走了很久他觉得很累，落在了大家后面，心里非常孤独和失落。可是有个善良的朋友在等他，并告诉他："加油，乔纳森！你可以做到！"然后他确实做到了。简单的一句话已经足够帮到他了，乔纳森称之为"温暖的帮助"：身处困境时一句关心和善良的话语。或许我们人人都需要这样的帮助，好在人生旅途中迈出下一步。

第 4 章

宽恕

活 在 当 下

宽恕仅仅意味着我不想因为以往的错误而继续愤怒下去，进而毁掉我的人生。是的，我宽恕，但是我心里清楚地记得自己受到的伤害，我会当心不让它再次发生。已经宽恕了他人的人仍然会在生活中抵制不公，他只是不再让自己的警报系统始终处于开启的状态，他的枪也不必总是指向敌人。

几年前，我的朋友常常见人就问：你觉得生活中什么最重要？答案五花八门但又不出意料：身体健康、相亲相爱、金钱无忧——他们还会附带些解释，仿佛那些回答的人自己也不太确定，得列举理由向自己证明其正确性似的。一天，这位朋友问了她父亲同样的问题，当时他们正在厨房，父亲在给她做咖啡。父亲的回答简单、冷静又自然，无须进一步解释，他的回答是：宽恕。

我朋友的父亲是犹太人，他所有的家人都在大屠杀中遇难了（他后来再婚并移民到了澳大利亚，在那里生下了我的朋友）。我见过他家人的照片，那些照片都保存在陈旧的锡盒里，是家人给他留下的唯一物品。照片中的人就和你我一样，浑然不觉死亡即将降临。

其中有个小女孩的照片给我印象最深。你看着她，会想象她去上学，或者玩耍，或者和父母讲话。这个美丽的小女孩已经不存在了。我曾尝试去理解，当这个男人意识到自己已经失去了她，以及他的妻子、父母、兄弟姐妹、工作和家时，他会有怎样的感受。我曾尝试过，模模糊糊地想象当时的恐惧、难以置信，以及无法忍受的痛苦。

然而这个男人却能宽恕。不仅如此，他还认为宽恕是生活中最重要的事。我认为他的态度是一场了不起的胜利。正因为这种胜利——而非电子学、遗传学或宇航学的奇迹——人类文明才得以延续。正是得益于这个人以及很多像他这样的人，我们才免于陷入原始的野蛮状态。

虽然我们可能已经陷入原始的野蛮状态了。读读不管哪天的报纸，你都会被地球上那些不计其数、没完没了的怨恨所触动。为了充分理解这个黑暗面对我们所有人来说意味着什么，我想请大家一起想象一种可能性，一种悖论。假设明天早上我们醒来，发现所有人都原谅了所有需要原谅的事情，而且有勇气为自己犯下的每个错道歉。想象下，如果群体 X 原谅了群体 Y 多年以前犯下的可怕屠杀，会发生什么？如果种族 Z 原谅了种族 W——种族 W 在过去的几百年间曾压迫过他们、侵犯他们的妇女、剥削他们的男人、虐待他们的孩子并掠夺他们的财产——会发生什么？如果 A 国和 B 国承认彼此有权独立存在、免于恐惧和压迫，忘记彼此曾做的错事和受过的伤害，那会怎么样？如果我们醒来都发现，即便是每个个体也都原谅了所有不公正的事情，不再重复过去而是充实地活在当下，那会发生什么事情？

我们会如释重负。我们生活的气氛会快乐和轻松很多。很多人会首次发现，与其经常把大部分时间用来谴责，用来不断重复体验很久以前发生的事，不如活在当下。活在当下要美好得多，人与人之间的关系会变得敞开。我们以前投入到责备、怨恨、偏见和报复上的所有能量会开始自由流动，生成数以千计的新计划。

或许以上只是乌托邦。但是，小范围内的宽恕绝对是可以做到的。不过，先让我们来澄清一些误会：宽恕太宝贵、太重要，我们万万不能误以为它是可笑的。首先，宽恕不同于纵容。如果我曾是不公平事件的受害者，我可能会害怕这种事再次发生，或者担心它的严重后果被低估；我可能会害怕加害者逃脱惩罚，甚至背地里嘲笑我，因此我会保持沉默。这是纵容。

宽恕是不同的。宽恕仅仅意味着我不想因为以往的错误而继续愤怒下去，进而毁掉我的人生。是的，我宽恕，但是我心里清楚地记得自己受到的伤害，我会当心不让它再次发生。已经宽恕了他人的人仍然会在生活中抵制不公，他只是不再让自己的警报系统始终处于开启的状态，他的枪也不必总是指向敌人。

宽恕也不是自以为正直的行为，不是一边肯定自己的道德优越感，自吹自擂我有多高尚和慷慨，一边想着那个伤害我的可怜傻瓜正在因为他犯下的错误而承受着地狱之火的灼烧。不，宽恕是和过去和解的内心行为，是关掉整个陈年旧账的内心行为。

做出这种决定并不容易，相反它很难。首先这是非理性的，因为"账目"是不平衡的。你怎么能原谅别人对你持续多年的伤害呢？例如毁掉你生活的诽谤，或者使你的家庭四分五裂的背叛？这样的伤害怎么能修复呢？比方说某个醉酒的司机让你失去了深爱的人，这是多少话语、多少钱都无法弥补的。宽恕违背所有的逻辑学和数学运算法则。宽恕也是危险的，或者看似如此：与其说它让我们再次受到最初的伤害，不如说让我们感到自己的脆弱无助。我们感到脆弱是因为我们的自我就像缠在老树干上的常青藤那样，紧紧抓住受到过的伤害不放。我们感到，如果选择原谅的话就会失去自我，因此觉得不安全。然而，如果我们不原谅，愤怒也许会让我们拥有若干虚假的力量，会支撑着我们整个人，但是我们真的想要那种支撑吗？

我们甚至都不需要认为宽恕就是没有怨恨，是情感上不好不坏的空虚；也不用将宽恕视为放松，就好像肌肉在绷紧之后猛然放松。宽恕的确是积极的品质，它包含了快乐和对他人的信任，以及精神上的富足。宽恕不合逻辑、令人惊讶，有时还令人崇敬，但它把我们从怨恨的陈年枷锁中释放了出来。不管是谁，只要做出了宽恕的行为，都会感觉精神振奋。

在我从事心理治疗的过程中，每当我向来访者建议"您是否曾经想过原谅"时，我总是会犹豫：我是不是要求太高了？然而，对某些难以言表的痛苦，宽恕有时是唯一的疗法。我见过很多已经宽恕他人的人，其中一些受到过非常不公平的待遇——可恶的霸凌和不公的行为毁掉了他们，还有集中营的恶行、儿时受到的虐待或性虐待，然而他们能够做到宽恕。我亲眼见过他们宽恕的那个瞬间，那是非凡的时刻：噩梦从此结束，他们在快乐中获得重生。

我也见到过很多连别人的小错都锱铢必较的人。他们的生活永远都是意志消沉的，那是一种无言的抗议。他们曾经受过的伤害不断出现在眼前，就好比不断重复的电影画面。他们的肌肉、呼吸和面部表情暴露出他们仍然困于十年或二十年前受到的伤害之中，他们仍在指责，每天活着就要对伤害做出反应，仿佛仍在受到伤害。不知不觉中，时间不存在了：过去成了活生生的现在。

这种不宽恕的态度带来了无休止的破坏。我们可以把这种人比作交通完全阻塞的城市。道路是堵塞的，汽车不能移动，等在那里不停排放尾气，尾气又污染了空气。路边的垃圾无人清理，在溢出来的垃圾桶里腐烂。人们心灰意冷，僵化生硬，他们不能工作也不能和别人交流，完全没有人享受生活。如果不宽恕的话，情况就是这样：怨恨滋生出新的怨恨，从而阻塞生命力、压制思想、毁掉生活。

如果记住下面这个基本原则的话，我们就会更好地理解宽恕：人体内的每个因素都会相互影响。情感会影响到身体，单个器官的运行会影响到其他所有器官；过去会影响到现在，而现在会影响到将来；和某个人的关系会影响到和其他人的关系，等等。在涉及宽恕时，这种内在交互作用的多样性尤为明显。例如，如果十二年前我的叔叔哈利给我带来了痛苦而我从未原谅他，那么这种记忆就会影响到我和哈利的儿子——我的堂弟乔的关系。如果我把车借给朋友雪莉，她还回来时车刮伤得厉害，这件事可能会改变我对借给他人东西的态度，或者改变对车、对人的态度。再比如，我和某个女人关系很好，最终却受到了严重的伤害，如果我从未原谅她的伤害，那么我和整个女性世界的关系可能就是不安全的，就会充满怀疑和怨恨。

还有更多例子。研究表明，我们的思想活动会影响到身体内的每个细胞。思想活动会影响到血压，从而影响到身体各部分的血液流动。我们可以通过身体感受到思想的性质，我们是会满怀怨恨和报复，还是会充满爱和快乐？

某个著名试验曾经要求试验对象回忆人生中两次被背叛的经历，一次是被父亲或母亲背叛，一次是被伴侣背叛。同时，给他们连上各种压力测试仪器，来检查他们的血压、心跳、前额的肌肉张力以及皮肤对电流的反应。试验结果揭示了很多东西。显而易见的是，实验对象可以分为明显的两类：很容易就宽恕了背叛的人，和很难宽恕背叛的人。后者表现出高度紧张的状态，而前者更健康、更少看医生。另一项研究显示，那些宽恕的人除了身体更健康以外，焦虑和抑郁也更少。宽恕有利于身心健康。

在帮助我的来访者学会宽恕的咨询过程中，我看到有两个因素很有用。首先，他们必须承认自己感受到的不公，以及他们可能尚未遭遇的可怕痛苦。你不能假装什么事也没有发生过，在忘记不公之前，你必须要承认它并且去充分感受它。仓促之间进行宽恕，或者仅仅为了宽恕而宽恕是不好的，只有在感受到伤害的全部力量之后才能原谅。这是自相矛盾的——但是"宽恕"这整个想法就是自相矛盾的。

毫无疑问，有时愤怒就是挥之不去。如果我们已经成了不公的受害者，比如有人没有遵守承诺，有人偷了我们的钱，于是我们充满了愤怒，被愤怒折磨，或者用破坏性的方式把愤怒表达出来。但是，承认我们是愤怒的可能就足够了，表达之后我们感觉已经好了很多。愤怒不是一件微不足道的小事，极度紧张会表现在生理上。我们的血液沸腾，被怨恨吞噬。我们无法消化伤害，我们心脏沉重、头疼或脖颈疼——这些都是愤怒带给身体的最常见的反应。如果我们给它腾出点地方，感觉可能就会有所不同，我们可能就会去主动决定如何处理它。

如此我们就不会爆发或崩溃，而会用建设性的方式表达出来，会在不伤害他人的情况下确认自己的权利，或者用这股能量去推进我们自己的事业。不过，只要我们不面对愤怒，它就会始终存在。我们不能把它简单地藏起来，否则善意在我们心中也会无处立足。

另外的一个重要因素就是对施害者的同情，这主要适用于我们认识施害者的情况。如果我们努力去替他想想，去理解他的意图，理解他也和我们同样感到痛苦，我们就会发现宽恕要容易得多。因为我们可以理解他为什么这样做。大脑中促使我们产生宽恕和同情的区域是同一个区域，这并非偶然。

因此，如果我们能将心比心，如果我们不那么关心评判而是更多一点理解，如果我们足够谦卑，愿意放弃正义使者的角色，如果我们足够有弹性，可以放下过去的伤害和怨恨，我们就能够做到宽恕。懂得宽恕可以让我们的性格发生彻底转变。

基于上述种种原因，宽恕的能力和道歉的能力是同一枚硬币的两面——都需要谦卑和弹性。有个东方故事说，某个执拗而专横的国王想让每个人都称呼他"发光而高贵的神"。他很喜欢这个称号，特别想拥有它。有一天，他发现一位老人拒绝用这个名字称呼他。国王让人把这位老人带到面前，问他原因。"我不是出于反叛或不敬，而仅仅是因为我不那样看你，"这位老人说，"如果我还那样称呼你，就是不真诚的。"他为他的真诚付出了高昂的代价，国王把他在可怕的监狱中关了一年，之后又让人把他带到自己面前。"你改变主意了吗？""很抱歉，但我还是不认为你是那个样子的。"这位老人在最黑暗的牢房中又被关了一年，每顿饭只有面包和水，他瘦了很多，但还是没有改变主意。国王很生气，但也很好奇。国王决定放了他，然后偷偷跟着他。这位老人回到了自己穷困的渔夫窝棚，受到妻子的热烈欢迎。

国王在一旁偷听两个人谈话。老人的妻子很生气，因为国王把她的丈夫关了两年，对他如此残忍。但是这位老人的想法不同，他说："他没你想的那么坏，毕竟他是个好国王。他照顾穷人，修建道路和医院，制定公正的法律。"这位老人的话里没有丝毫怨恨，反而看到国王的优点，这让国王深受感动。国王感到深深的懊悔，他哭着从藏身处出来，站到这位老人和他妻子面前。"我向你表示深深的歉意。尽管我伤害了你，你却仍然不恨我。"这位老人很吃惊，他说："我刚才说的都是真话，发光而高贵的神，您是位好国王。"

国王很吃惊："你叫我发光而高贵的神……为什么？"

"因为你能够请求宽恕。"

为什么宽恕的能力与善意是不可分的，我们还需要解释吗？答案或许很明显，但我们还是解释下吧。如果我们背负着怨恨的重负，我们就不可能是善良的；如果我们太执拗无法请求他人宽恕，也不可能是善良的；如果我们的感情因为内疚和怨恨而受到了扭曲，我们也不可能是善良的。只有当过去不再支配我们的时候，我们才可能是善良的。

不过，有时要宽恕也是不可能的。尽管努力过，但我们发现自己无法做到。罪过太重，伤害太深，宽恕看上去似乎绝无可能。但是，出路仍然存在。正是在这种情况下我们能够理解宽恕的真正意义。我们需要改变自己的观点，很多问题无法在现有的水平上解决，我们必须学习换个角度来看待它。

举个例子。你正走在街上，拐角处有人跑过来，没看到你而把你撞倒了，然后他继续跑也没有道歉。身处那种情况下，不管是谁都会生气。但是，现在假设你从高楼顶上看见这幕情形，你看到两个人相撞了，但是你不止看到了这些。你还看到城里有很多人，很多建筑物还有很多车和公园，可能远处还有足球场、机场、工厂或乡村。你从远处看到了所有这些事物，带着某种超然事外的感觉。这样的话，你就是在从另一个角度看事情。这个小小的事故看上去与你无关，也没那么严重，因为你处于更大的背景中，站在更远的地方。

我们可以用同样的方式来处理我们所有的问题、伤害、困扰和焦虑。我们可以从远处来看它们，就好比我们把自己搬到内心的某个地方去。我们到达那个核心，在那个地方没有伤害，我们健康、敞开、强大。我深信，即便是那些受到很深伤害的人仍然拥有健全的核心，他们不过是忘了而已。

我们怎样再次找到那个健全的核心呢？那个没有受到生活的污染、没有因为妥协而腐烂、没有被忧虑压倒，也没有被恐惧削弱的健全的核心。对我们每个人来说，答案都是不同的。有些人会通过冥想重新找回那个充满活力、快乐的自我，有人会通过体育活动，有人会通过照顾需要帮助的人，还有人会通过美、祈祷或者反思。我们都有自己的方式，以便重新接触到那个健全的核心、那个真实的自我。如果我们不知道怎样做，我们可以想想办法。那将会是我们整个生命中最辉煌的冒险活动之一，说不定是最辉煌的一场冒险。

如果我们能够回归到这个核心，哪怕只有短暂的一瞬间，那些争吵和怨恨在我们眼里就会变得可笑，纯粹是浪费时间。我在很多来访者身上看到过这种变化。当我直截了当地问他们是否愿意原谅始终在吞噬他们的伤害时，他们多会肯定地说不可能。但是，如果我能够帮助他们找到自己内心深处的那个地方，那里有更多可以呼吸的空间、爱和美，那么就不需要我再做什么，宽恕已经在等着他们了。

不久前，一位男性客户前来咨询。他不得不照顾自己年迈多病而且很苛刻的父亲。他的四个兄弟姐妹把老父亲丢给他，不提供任何帮助，最多给些毫无益处的意见。他非常生气，可谁又能责怪他呢？如果我和他用同样的方式看待这个问题，那就不会有什么解决的办法，因此我让他给我讲讲，什么对他来说宝贵，什么让他快乐和满足。他喜欢狗，当他说到狗时，脸上熠熠生辉。他喜欢音乐，喜欢跑步。当想到这些时，他感到好多了。当他去跑步，或者和狗一起玩耍，或者听歌剧时，他感到获得了新生。我让他在心里再现这些场景，那是他另外的那个自我，更为清澈和宁静。然后我问他，从这个角度看，他对兄弟姐妹有什么样的感受。他的感受完全不同了：他不再怨恨，没有敌意，相反，他感激自己为父亲做的所有事情。

因此，当我们发现自己感到快乐和完整时，其实我们已经做到了宽恕。不需要努力或什么心理技巧，恐惧、怀疑和想要报复的欲望已消失无踪。宽恕成了世界上最简单的事，因为我们无须做什么，它已经自然存在。善意也是如此，我们可能不需要做什么善事，因为我们本身就充满善意。唯一的条件是，我们允许自己成为这样的人。

第 5 章

联结

感动人，也被感动

不论内向外向，开放的交往能让我们的人际关系更丰盈，远景也更可观。怀着这样的心态，我们会把他人视为通往新世界的窗口，一个能让我们成长的途径。对于那些有能力进行交往的人来说，人际关系是成长的重要工具。与他人交往就像身处一片旷野，那里会产生洞见和改变，是通往圆满人生的康庄大道。

我想，我们人生中最好的时刻已经过去了。这没什么好忧伤的。我们所有人，不管年龄多大，仍然有很多成长的可能性，有很多挑战要去克服，有很多机会可以做出成就。未来会充满希望，尤其是当我们这样认为的时候。然而我相信，我们最好的时刻已经过去了：五个月大的时候是我们的巅峰。

这个阶段很短，等我们到七八个月大的时候，很多事情就开始改变了。但是，五个月大的时候并不是这样的，那时婴儿已经把出生时的痛苦基本上抛诸脑后，他已经适应了这个新的世界，而生活的艰难和矛盾还没有到来。在这个阶段，恐惧、贪婪和怀疑都还没有出现。时间观念尚未成形，他不必匆忙，没有期望，没有焦虑。婴儿足够强大也足够协调，他能够环顾四周，与任何靠近自己的人发生联结。有时候你会在妈妈的怀里、邮局里、朋友家里或公共汽车上看到五个月大的婴儿，他会看着你，尽管并不认识你，但会冲你灿烂地笑。这是快乐的礼物。

这就是最纯粹的联结，没有人能做得比这更好了。到大概七个月大的时候，婴儿会开始对陌生人感到焦虑、不安。但在五个月大的时候，整个世界对他来说还是一个大家庭，家庭里的每个成员既有趣又漂亮，值得他献上快乐的笑容。

为什么人类的生理时钟是这样设定的？至今仍然是个谜。为什么五六个月大的时候，觉得每个陌生人都是朋友，而后来开始变得小心谨慎了呢？这两种心态都和我们的生存相关。与人交往很重要，防人之心也是。有时这种转换几乎难以察觉，有时却非常明显，比如婴儿会对妈妈之外的其他人发出尖叫。不管是哪种反应，都说明我们失去了上天的恩宠。如果幸运的话，我们有可能在未来再次瞥见这种天恩。但即便我们能再次拥有，也不是原本的模样了，它永远不会再如此自然和完整了。

幸运的是，有些人多多少少保留了这种与任何人进行交往的能力，即便是完全陌生的人。在成年人身上，这种能力展现出多种面貌，因为成年人是独立的个体，说话、行动都可自主。对有些人来说，可以非常轻松地做到与人为善。我想到了纳塔利，她21岁，是我家人的朋友。当时房间里有几个人正在吃饭，纳塔利进入房间后，快乐地和每个人打招呼，像四处跳动的皮球。而换作别人的话，可能只会向在场的所有人挥挥手，说声"嗨"，而她跟每个人打招呼的方式都是独一无二的：微笑、开玩笑、聊聊共同的经历或是对这个人的特别想法。这些动作全是在几秒之内发生的，非常自然。每个被她问候过的人都发生了明显变化，他们微笑、放松，立马感到很惬意。

我再以我的朋友朱迪为例。她是个很古怪的人，面对陌生人她不会表现出丝毫的焦虑。不管在什么场合，无论是走在大街上、站在拥挤的机场、坐在餐厅用餐，她都会很快跟任何人开始对话，即便对方非常羞怯。某天，她在银行排队，站在她前面的那个人在扭动身体，想挠挠自己的后背却够不着。朱迪注意到了，就提出来要帮他。"打扰了，我帮你挠挠后背好吗？"她没有任何居心，也不担心对方会有什么不良反应。大部分人因为羞怯而不会提出或接受这样的请求，因为这会入侵陌生人的私人空间。但是对朱迪和类似她的人来说，这样的羞怯是不存在的，或者说微不足道，所以她的自由空间开阔得多。

这种交往的能力多么有用？又有多重要呢？你可能不需要在银行为陌生人挠背，不过在某种程度上，如果拥有这种能力的话，你会激发迄今为止未知的可能性，能量会开始循环，新世界的大门打开，生活会变得更有趣。

我们也可以反其道而行之：对别人筑起高墙，同时也被别人挡在墙外。我们往往认为这是更容易、更实用的生存之道，让别人吵吵嚷嚷去吧，距离让人产生安全感。但是没有了这些人提供的营养——可能是不同的刺激、相左的观点或新鲜的感情，我们的生活会贫瘠得多。后面我们还会看到，我们与人交往越少，健康状况就会越糟。

无法与他人交往可能会演变为悲剧：孑然一身。我们成为自己的囚徒。为什么我们做不到向他人敞开自己呢？原因很多，最常见的有：感到自卑，别人看上去比我们好很多、聪明很多；或者我们认为他人不如自己，跟他们交往就是浪费时间；或许我们害怕遭到入侵、被摆布，或是害怕受到羞辱或伤害。

川端康成讲过一个日本故事。一天，一个砍竹子的人看到竹林里面有东西在发光，结果发现一个很小的女婴。砍竹人和妻子收养了她。很快，她长成了一个美丽的女人，所有的男人都爱上了她，但是她不想结婚。有些追求者始终不放弃，所以她同意结婚，前提是要满足她的若干要求。可她的那些要求都是不可能做到的，比如佛陀几个世纪前用过的碗、天堂里某棵树上饰有珠宝的树枝、烧不坏的衣服。追求者们想哄骗她但都被揭穿或淘汰了，就连爱上她的天皇都没能成功。始终没有人能接近这个女人。最后大家才发现，原来这个女人并非凡人，而是来自仙界的月亮，因为以前犯过错，所以被流放到人间作为惩罚。后来，她的亲生父母前来带走了她。要离开养父母，这个女人很伤心，可一穿上羽衣她就忘掉了所有事情。天皇派遣士兵试图阻止月神带她走，可她只留下一瓶长生不老药给他。可是，没有爱的话，要长生不老又有什么用？天皇让人把这瓶药带到了日本最高的山上，从那时起，这座山就叫富士山，也就是长生不老的意思。

这是一个关于失败的故事，一个悲剧。这个女人无法向别人敞开自己，她觉得自己来自另一个世界，因此提出不可能的要求，在自己和别人之间划上鸿沟。而如果不与人交往，这世上一切珍贵的东西都会失去价值，即便是永生的承诺。

与人交往的能力属于真正的天分，非常类似于音乐、文学或运动天分。有些人天生就是杂技演员或数学家，有些人天生擅长与他人交往。就像任何其他的天分，这种与人交往的天分也有好坏两个方面。坏的一面是这人可能目空一切、百无禁忌，因为什么事都轻而易举；好的一面则是，这人懂得与人交往的正确方式，一句话就可以打破沉默，用身体语言可以表达出坦率和自然，一颦一笑都不会让你感到被侵犯，而会深深地打动你。

我必须承认自己害羞而内向，在很大程度上缺乏这种能力，而且我非常羡慕拥有这种能力的人，就好像羡慕有音乐天赋的人那样。例如，在火车上和人交谈让我觉得有些不安全，而且需要费尽心思。我会想，我有什么有趣的事要说吗？对方会怎样反应？他会感觉受到侵犯吗？我该怎样继续对话？然而，可能我身后会有个人走进来就开始和人讲话，好像那是世界上最自然的事情。

最近我见到了一位报刊经销商，我已经有两年没见过他了。有段时间，我每天从他那里买报纸，之后两年我没有再去过那个城市。后来我又去他那儿买报纸，而我们彼此没有说一句话。他和我一样，也很内敛。我只注意到他脸上若有若无的微笑，那副表情就足以说明：是的，两年后我回来了。我们认出了彼此，我们只是不知道该说些什么。不过那也没什么。

换作其他人，可能早把这个场景变成朋友相认的机会，开始谈论健康、孩子或天气了。我们却什么也没做。但是不要误会：阻止我们彼此交往的并不是内向本身。内向型的人可能需要更多时间才能敞开心扉、相互交流，但这种交往往往更深入，也更为持久。不过外向型的人确实有优势，因为在很多情况下他们更容易抓住交往的机会。毫无疑问，他们比内向型的人机会更多。

不论内向外向，开放的交往能让我们的人际关系更丰盈，远景也更可观。怀着这样的心态，我们会把他人视为通往新世界的窗口，一个能让我们成长的途径。我们的成长途径不一而足，例如通过发挥创造力、沉思静坐或祈祷等方式让自己向美敞开。对于那些有能力进行交往的人来说，人际关系是成长的重要工具。与他人交往就像身处一片旷野，那里会产生洞见和改变，是通往圆满人生的康庄大道。

想想和他人交往对我们产生的影响吧！有些交往让我们苦恼和烦扰，于是我们感到厌倦、不耐烦，还有些交往带来能量，让我们精神振奋，激发灵感。善于交往的人能够催化自己和他人之间的化学反应，他们能唤醒灵魂，即便对方是最平庸、最不起眼的人。

试试下面这个实验。可以从普通场合开始，例如在乘出租车时、在报刊亭买报纸或者坐火车时，试着和出租车司机交谈几句，和卖报纸的人进行眼神接触，和火车上的某位乘客开始对话。对有些人来说，这是很自然的事情，而另外一些人却不得不刻意去做。在这些简单的交往中你要全神贯注，并且设想对方也是如此。突然间，变化就会发生：屏障消失，能量开始循环。这虽然谈不上两个灵魂的交流，但无疑会是两人之间生命力的交换。

在这个简单的动作中，我们可能会看到自己内心的障碍和压抑，从我们小时候起它们就存在了。它们是深层次的长期压抑，有时会有破坏性。例如，研究显示，如果父母从小反复给孩子灌输对陌生人的恐惧和怀疑的话，那么到了青少年时期，他和同龄人的交往会出现更多障碍。

在和他人的交往中，我们常常采取某些方式让自己感到安心：例如，穿得整整齐齐、扮演令人印象深刻的专业角色、和某个重要人物攀交情、手拿最新款的手机。这些方式让我们安心，可能看上去能促进交往，但实际上它们降低了交往的质量，会让我们忽视真正重要的东西。

那么我们为什么会使用这些方式呢？因为我们大部分人都害怕。想想参加聚会或出席会议的情形吧，你走进房间，里面全是陌生人，又没人给你介绍。在和别人交往时，我们感到自己就像没穿衣服，暴露无遗，毫无防备。我们所拥有的只有我们自己。我们让自己去冒险，这虽然不舒服，但也促进了交往。因为不知道会发生什么，所以我们有点害怕或非常害怕。与他人交往可能会非常吓人，因此我们用角色、面具和其他小道具来保护自己。

在有些特殊情况下，由于剔除了多余的东西，接触会变得更加真实和热烈。例如，性交就是很棒的接触。在最佳状态下，两个身体彼此交缠，两个灵魂合二为一。但性交也可能是没有真正的交往——两具身体互相接触，两个灵魂却仍然疏远而陌生。

有时冲突本身也会创造交往的条件。我妻子薇薇安有个特殊的习惯，喜欢和那些粗鲁或傲慢地对待她的人交朋友。当她在商店里，或者和售货员打交道时，或者和我们孩子同学的父母相处时，可能会遭遇小小的不公平：有人插队到她前面，强迫推销她不需要的东西，或者跟她说话很不礼貌，但她并不会跟那人争吵，不去理论对错，而是采取非常亲切的方式，坚持与他对话和进行交往。她会聊聊孩子们，讲个笑话，询问对方的观点，或者谈谈天气。在出现转机之前，她绝不会放弃，直到对方流露出感兴趣的迹象：开始说话或流露出笑容。

我问薇薇安为什么这样做。她回答说："我从来不想树敌，我坚信这些都是可以挽救的。"

死亡，也可能是一种交往的时刻。在死亡的那个瞬间，我们知道之后再也不会有任何交往了。这个人要永远离开了：这是分别，是最后一次告诉她我们爱她的机会。我们知道我们再也见不到她了，再也无法向她倾诉，再也无法和她大笑或开玩笑了。尽管什么也无法干预死亡，但是充满怜悯的接触可以让感情和直觉都释放出来。痛苦让我们敞开自己，驱散了无关紧要和肤浅的东西，一个放空的新空间使真正的接触成为可能。

一些极端的情况，例如饥渴、贫穷、牢狱、危险和战争，也会出人意料地把两个人联结起来。在这些情况中，游戏规则已经改变了。以前有价值的东西（比如社会角色）不再重要了。有个著名的例子就是普里莫·莱维和狱友在集中营相遇的故事。他们在那个可怕而绝望的世界里谈论《神曲》，暂时超越了深陷其中的非人处境。

莱维向他的狱友解释了《地狱篇》中的尤利西斯之诗。他艰难地回忆起这段文字，而且发现很难翻译成法语，但是诗歌之美仍然能够让他们相遇并接触彼此。

音乐也可以促进交往。当人们欣赏美的时候，压抑和社交规则会消失。很多年前，我有幸参加了伟大的印度音乐家拉维·香卡的音乐会。我早听说他嗓子很疼，但在音乐会开始前我见到他时，他看上去嗓子没有任何问题。乐队开始演奏，在音乐会进行的过程中，我注意到在演奏的短暂间隙，那些音乐家们会彼此对视。他们看上去很紧张，也许是为了让节奏保持同步，但我确定他们也是为了让灵魂保持同步。显而易见，那些音乐家们当时在一个超越时间的空间里相遇，他们的交往充满喜悦，并且真实而明显地呈现在大众面前。演唱会结束时，香卡全身熠熠生辉。

毫无疑问，交往的能力对健康有决定性的影响。相比那些不太擅长建立人际关系的人，交往能力强的人有更强大的社交网络支持。有项研究直接评估了个人的社交能力与免疫系统功能之间的关系。为了调查他们的社交能力（日常生活中人际关系的数量和质量），334人填写了问卷并接受访谈。接下来，他们让这些人暴露在一种常见的感冒病毒下，结果发现社交能力越强的人，越不容易感染病毒。这个研究结果没有考虑年龄、情感方式、压力、养生或健康习惯（例如锻炼身体或服用维生素）。

如果进一步研究缺乏交往的情况，就可以看到它有多重要。至少从20世纪70年代起，人们就开始研究社交隔绝对身体的影响了。主要的研究结果显示，缺少交往容易得各种疾病，寿命也会缩短。很多人认为这是个严重的健康问题，和抽烟的危害同样大。社交隔绝的人还更容易出现心脏病、睡眠问题、抑郁、背痛、记忆力减退——尤其是老年人，对他们来说缺乏外界刺激很可能是致命的。

交往的技能是善意的基本方面。哪里有交往，哪里就有真心。你会发现他人的态度让你感到：这个人就在那儿，他为你而来。在那个瞬间你是他的贵宾，非常重要。

如果人与人之间没有交往，那么所有事情都会变得灰暗而僵化。人际互动更像机器人而非真人，他们的交往没有实质性内容。此时善意——如果我们可以这样叫的话——只是外在的礼貌，是空洞无心的形式。交往是一扇门，是善意的通道。

一个社会的经纬是由人与人之间的交往交织而成的。这些交往不断增多，形成了网络，对此有很多类比：电路、哺乳动物大脑中的神经网、细胞中的化学反应、互联网的分支以及地球的生态系统。它们的共同点是，都有复杂的关联，每个因素都很重要。不管我们感到有多么孤独，我们仍在和数以百万计的人发生联系。

斯坦利·米尔格拉姆曾做过一个关于人际距离的著名研究，结果表明，我们常会发现无意中碰到的人和自己竟然有共同的朋友或亲戚，这不是巧合而是规律。我们的确都处于更紧密的网络和更密切的沟通中，甚至远远超出我们的想象。我们彼此影响的程度比我们认为和知道的要深得多。在日常生活当中，接触其他人的生活、从而改变世界的机会，其实俯拾皆是。

第 *6* 章

归属感

我归属，所以我存在

归属感是人的一种基本需求，同时也解答了一个问题。我们常会问自己：我属于什么？这个问题和另一个问题很相似，可能极为类似，那就是：我是谁？我们属于某个家庭、群体、社会、专业领域，这种归属关系定义了我们，给了我们存在的理由。没有这种归属感，我们就会感到虚无。没有旁人当坐标，我们就很难或者不可能知道我们是谁。

我住在乡下，去上班的话得开车经过几条乡间小路。这些道路很安静，但车速会比较慢。在一个美丽的夏日清晨，我发现自己的车开在一台拖拉机后面。每走二三十米，拖拉机司机就会停下来和别人聊几句。我没办法超车，因为路又窄又弯。虽然那些对话每次也就几十秒钟，只够打个招呼或交流下新鲜事儿，但足以让我感到紧张了。我不知道他和路边遇到的人说些什么，不过显然没什么要紧事。而我就跟在他后面，一面心急火燎地赶着去上班，一面等着他结束对话。我也不能按喇叭催他——在这种地方按喇叭会被看作是没礼貌或愚蠢的行为。我只能等，边等边强压着各种愤怒的想法。

突然，我领悟到：我的感觉不是愤怒，而是嫉妒。我前面这个一派悠闲农民步调的男人，拥有我这个匆匆忙忙赶去上班的人所没有的东西：除了和我的匆忙对比鲜明的从容外，他还享有一种特权。这种特权基本上只有那些出生在乡下的人才有，那就是身处当地的关系网，其中包括父母、叔舅姨姑、孩子们、表（堂）兄弟姐妹、朋友……这些人都遵守同样的风俗习惯，不只是他们这代人，好多代人都是这样。他们彼此都认识，共同经历幸运和不幸、希望和失望。而我是几年前从城里搬过来的，我没有关系网。尽管当地人总是对我以礼相待，但我并没有感觉自己真正属于这里。他们就好比古老的橡树，根深深地扎在地下，和其他的树盘根错节，非常了解自己赖以生存的土壤，而我就好像刚移植过来的小树苗。那个男人每过几米就停下来并非有意对我无礼，他只是在确认他活络的人际关系，他在确认他的归属感。

归属感是人的一种基本需求，同时也解答了一个问题。我们常会问自己：我属于什么？这个问题和另一个问题很相似，可能极为类似，那就是：我是谁？我们属于某个家庭、群体、社会、专业领域，这种归属关系定义了我们，给了我们存在的理由。没有这种归属感，我们就会感到虚无。没有旁人当坐标，我们就很难或者不可能知道我们是谁。所以归属感是很基本的需求，类似于我们对食物、水或住房的需求。

我们可能听到内心在抗议："你必须学会独立！"然而，想有所归属的冲动更为强烈。这种需求之所以格外强烈，可能源自我们的祖辈，那时要想活下去，除了加入某个群体以外别无他法，没有人能独自存活。即使在今天，在我们这个充满不确定和危机的世界中，无数的危险、疾病和衰老在等着我们，我们需要保护和安全，而这只有他人能提供。

对很多人来说，生活中每天贯穿的小仪式可以维持和加强归属感。一次我在加油站停下来加油，一个男人走过来对服务员说："乔瓦尼，你说会不会下雨啊？""不会。"就这样。这种交流有什么用呢？显然不仅仅是交换天气预报信息。它看上去即便不算愚蠢也是毫无意义的，然而这是很重要的交流，因为它可以促进能量循环，再次确认这两人之间的归属感。酒吧里或报刊亭前简短的交谈、街头碰面、在银行里交换三言两语、开车时挥挥手、工作期间一起去喝杯咖啡、等着接孩子放学……这些习以为常的小事激发了我们的归属感，让我们感到舒适安心，尽管我们未必能意识到。归属感在小镇和小村庄里比较容易实现，因为大家彼此都认识，但在大城市里就比较难了。周末可能会让人们的归属感或孤独感更强烈，如果有强大社交网络支持的话还好，否则可能会患上周末抑郁症。

在从事心理治疗期间，我常常看到这样一群人，他们的归属感会受到伤害，或根本没有机会形成。首先是在家庭中，在那里我们学会感觉自己属于某个整体，在理想状态下，这个整体应该保护和养育我们；然后是在学校，在朋友们当中，在工作中。如果归属的需求得不到满足的话，我们就会不舒服，包括感到沮丧、迷惘以及满怀敌意。

近年来，归属感受到了若干新习惯以及社交和技术创新的否定，这在人类历史上任何时期都没有发生过。它们可能使得日常生活更顺利、更实用，但也更冷冰冰。利益和效率战胜了温暖和亲密关系。举个小例子：我常去家附近小镇上的一家水果店买泡菜。他家的泡菜非常好吃，我还知道他家的泡菜是摊主亲自挑选的，因为他的言语中透露着那种"我是老板，我只选最好的"那种骄傲。我们时不时会交谈几句。一天我又去，发现关门了。透过窗户玻璃，我看到店里都空了，地上满是纸箱子——商店倒闭时的典型场景。又一家店消失了，真让人难过。后来我慢慢知道了原因：店主关掉店面是因为附近新开了一家超市，这个巨大的建筑破坏了小镇的原始结构，诱使人们开始狂购快买。我也去了超市，站在20种不同品牌的泡菜前，可能我喜欢的品牌也在其中，但已经没有心情去买了。我推着购物车和其他人排在队伍中等着结账，我知道自己也被计入可预测的客流量当中的一员。我的世界变得更冷漠了。

还有一个因素让情况变得更复杂：我们生活在个人主义的时代。我们以各种方式称颂个体：要与众不同、要有创造力、要做出独特贡献、要和他人竞争、要做最好的，这对今天的很多人来说都是主导思想。这也是我们评价和称赞他人的标准，一种用来塑造生活所依据的价值观。过去可能不是这样。在其他时代和文明中，个体没有这么重要，或许甚至都不可能像我们今天这样去看待它。

艺术史很明确地向我们展示了这个发展历程。在中世纪的欧洲，艺术的主题都是宗教，它的主要用途是教育文盲：各种绘画和雕像通常描述的都是《圣经》中的故事。之后一个重大突破到来了：几乎一夜之间，文艺复兴开始了，油画和壁画开始以当代的名人为主题。这些艺术作品表现了人类的美、尊严和创造力，个人的光彩开始绽放。

这是一个全新的范式，它大大增加了人类发展的可能性。既然每个人都是独一无二的个体，那么个人凭借自己的天分和能力能做什么呢？当时还没有人明确思考过这个问题。这是一个非凡的想法，可以带来无数的发现和胜利。过了好几个世纪，这些思想上的革命才被人们所吸收，成为我们文化的组成部分。但现在，这些观念是我们的共同遗产，它们的表现形式更为廉价和商业化。推崇个人主义当然是卓越的人文发展的根基，可仍然需要付出高昂的代价：我们的自我膨胀了，我们忽略了所在的集体，不再与环境和谐共处。身处现代的我们在两极之间摇摆，一边是要求一致性，当个大众里的无名氏，一边是对个体独创性的迷恋。而我们往往忘记社群归属感的重要性。

有个犹太人的故事是这样的：一位国王即将驾崩，他当着所有哭哭啼啼的大臣的面，命人拿来一支箭镞，然后让最文弱的大臣折断这支箭。这位大臣轻轻松松做到了。然后国王命人拿来成捆的箭镞，让最强壮的大臣来折。这位大臣用尽全身力气也没能折断。最后国王对大臣们说："我将'齐心协力'留给你们，这是我给你们的遗产。你们要团结一致，团结可以让你们强大，有些事是单独的个体没办法做到的。"

归属感就是我们感到自己属于更大的群体，和这个群体在生理、心理和精神上产生联系，它是我们幸福的一个必要因素。当感到孤独时，我们会不惜任何代价去寻求友好关系，甚至会去找那些充满暴力、危险的极端分子团伙，这也是很多青少年被帮派、异端组织吸引的原因。容易误入歧途的年轻人具有的典型特征是：对身份感到困惑、与家人疏远、和集体的联系薄弱、觉得自己无能、对归属感的需求得不到满足。如果在成长过程中，你没有真正属于过家庭、学校或社会，你就会认为被同类肯定很重要。你认为他们是你的同类，而那些人也认同你，很多年轻人就是这样进入异端组织的，而且很难找到出路。

除非总是特别受欢迎，否则我们每个人都会有受排斥的经历：小时候没人想和我玩儿、没人邀请我参加聚会，或者我被足球队除名了。关于受排斥，我最生动的回忆来自高中。课上老师给我们分配了研究主题，需要两个人或多个人一组共同完成。其他同学都在选主题和同伴，很快我就发现：没有人想和我同组。有那么一个瞬间，教室里充斥着冰冷的沉默，我感觉自己像迷失在太空的碎片，无依无靠。后来吉多提出和我同组，我就这样得救了。那一刻对我来说真是莫大的解脱！吉多迈出那一步是纯粹出于同情，还是因为真的想和我一组呢？这并不重要。重要的是我安全了，因为我知道，不管我有多么不完美，也有所归属。

因此，团体或集体带来的归属感会给我们带来很多益处：感觉自己得到承认、让我们和他人交流、帮助战胜可怕的孤独。然而这也常常需要付出代价：我们必须遵从那个集体的文化，服从占主导地位的思想，遵从其生活方式、穿衣风格、讲话方式、饮食方式以及对音乐、运动的喜好等。在有些情况下，代价甚至会很大，比如一旦属于某个集体，我们的自发性和自由表达就可能受到压迫。追求归属感也会有很多危险，我们可能会变得盲目服从或歧视团体之外的人，获得虚假的快乐，这种快乐并非基于归属感的真正力量，而仅仅基于它所带来的安全感。

与归属感类似的还有支持感，也就是相信自己在需要时能够得到集体的帮助。这两者类似，但支持的重点在于获得的是他人的实际帮助，而不是心有所属的感受。有时"支持"和"归属"被视为近义词。研究发现，对于身心健康而言，支持感非常重要。可依靠的朋友越多，友谊的质量越高，我们就会越健康长寿。很多研究已经证明这个事实，我仅引用几个例子。在瑞典，研究人员对18000名男性和女性进行了为期6年的跟踪调查发现，那些感到非常孤独的人早逝的概率是其他人的4倍。在芬兰，研究人员对13000人进行研究发现，那些归属感更强的人早逝的概率比那些孤独的人要低2到3倍。在美国的特库姆塞地区，研究人员对3000人进行了研究，结果发现支持感较弱的人患病（心脏病、中风、癌症、关节炎和肺病）的概率会增加2到3倍。雷德福德·威廉姆博士对1400名心脏病患者研究发现，那些结了婚或有人可以信赖的患者康复的概率要比其他人高出2到3倍。

有时独处能够让人放松，让我们有自由、辽阔之感。可真正的孤独是不同的，它是无边无际的。那种感觉就是，无论我们发生什么，对他人来说都是微不足道的，我们想什么或说什么永远不会有人感兴趣，对他人而言我们什么都不是。那种感觉就是，如果我们从这个世界消失，世界还会照常运转，没有人会注意。

这种归属感完全受限于客观环境吗？还是在孤独、默默无闻等艰难处境中也能培养出来？我倾向于后者。我们都能在特定的集体中获得归属感，但我们是否足够灵活、足够应对各种变化呢？我只有在桥牌俱乐部或和白人、教友、球队粉丝相处时才会有归属感，而在其他时候没有吗？还是不管我在哪里，都感觉自己和他人有共同之处？我的归属感是不是甚至会扩展到其他动物、地域乃至全人类身上去？

尽管通常我们认为归属感取决于个人与当地人之间的联系，事实上，个人可以属于一个更大的集体。记得刚开始工作的时候我常常去欧洲各个国家讲课，这对我来说非常苦恼，因为几乎每次我都感受到文化冲击。我痛苦地意识到不同的国家在节奏、风格、语言和心理等方面都有差异，即使它们都秉承着同样的欧洲传统。我总感觉自己不得不去适应这种或那种风俗，对我来说这是个巨大的挑战，所以每次讲课结束后我都会筋疲力尽。

我有个同事，她比我更有经验，也更有成就。多年来她轻松地周游全世界，这周末在日本，下周末可能就去澳大利亚，一周后在芬兰，然后是以色列。但尽管这样，她却不会筋疲力尽，而总是精力充沛、活力满满。她是怎么做到的？我向她倾诉，课堂上学生之间巨大的文化差异让我备受折磨。我现在还记得她简短而充满智慧的回答："其实，他们是和我们一样的人。"

此时，归属感变得很微妙，特别的一点是，它在任何情况下都是自由而主动的。有些精神传统已经意识到了归属感的这种开放性很重要。例如基督教义让我们把每位教友视为兄弟姐妹，藏传佛教的轮回观让我们把遇到的一切有情众生都看作我们前世的母亲。当我们把那些感觉很陌生的人——粗鲁的司机、吵吵嚷嚷的小流氓、漫不经心的售货员或懒惰的侍者——看作是我们上辈子的母亲（在无数次轮回与久远的劫难中，她曾养育了我们，帮我们料理伤口、洗衣服，忍受我们的怒气，抚摸我们的头），那么这个人就不再是陌生人，而是某个大家庭的成员，而我们都有幸属于这个大家庭。

因此，我们的归属感可能会变得僵硬而迟钝、局限于某个封闭的圈子，但也可能是自由的、有弹性的，甚至在最艰难的情况下也充满活力，让我们的生活更轻松也更快乐。对我而言显而易见的是，这些态度和善意有关。如果我视你为异类，带着怀疑或用冷冰冰的中立态度去看你，那在你看来我就不可能是友善的。相反，如果我知道我们都同属人类，都有类似的天性，虽然经历不同但有同样的根和共同的命运，那我可能会对你敞开心扉，和你齐心协力并感同身受。换句话说，这就是善意。

正因为归属感是可以培养的，所以我们有可能影响他人的归属感。我们可以通过各种方式让他人感觉自己被接纳还是被排斥，但通常是借助于话语、眼神以及身体语言。

我想起多年前的一天，在某个会议上我不得不在座谈小组中发言，小组里有几位知名专家。当时我刚入行，非常紧张，坐在这个由四五名专家组成的小组的末位。所有人都面向观众。每个人都要先简短地发言，然后再进行讨论。坐在我旁边的那个男人是个知名的大学教授，从最开始他的身体就转了九十度并且自始至终背对着我，只关注其他专家。这并没有让我感到不安，因为这太好笑了，伤害不到我。但我意识到，仅仅通过我们的身体姿势就能非常容易地接纳或排斥他人。

幸运的是，我们也可以做出与那个傲慢的教授截然相反的举动。我们有很多机会可以使别人感到被接纳。在这场比赛中，我们既是裁判又是运动员，既可以培养自己的归属感，也可以决定要不要接纳他人。

这完全取决于我们有多善良。

第 7 章

信任

你 愿 意 冒 险 吗

信任的本质是顺服。放手的能力对我们有着深远和变革性的影响。当我们意识到自己无法控制所有事情，我们可能会放弃必然性或者说必然性的幻觉，我们可以放下自我，接受生命带给我们的所有悲欢离合。

一天，我发现自己身在神奇的城市伊斯坦布尔。那时我还是一个年轻的哲学专业的学生，还不了解世界上那些肮脏的把戏。有个和蔼可亲的男人走过来，提出要以非常优惠的汇率和我换钱。我同意了。他拿了钱走了，让我在街角等他。等了很长时间我才意识到，他根本就没打算兑现承诺带着那笔钱回来。可不是吗？他匆匆忙忙离开了，很快就消失在老城的迷宫之中。

是的，我曾天真得令人难以置信。难道我们就要因此得出结论：我们生活在满是骗子和小偷的世界上，谁也不能信任吗？信任就像打赌，每当我们付出信任，就仿佛让自己置身危险境地。如果我们信任朋友，就可能会被出卖；如果我们信任伙伴，就可能会被抛弃；如果我们信任这个世界，就可能会被它碾碎。这样的下场太多了。可不信任更糟糕：如果我们不允许自己去冒险的话，就什么也不会发生。

因此，不管我们能否意识到，每个信任的行为其实都伴随着恐惧和战栗。原本有利的局面可能会变得危险。在内心深处，我们知道生活是不安全的，但假如我们的确付出信任的话，这战栗就会带上一份哲学的乐观主义色彩：尽管生活中充满陷阱和恐怖，但仍然美好。

信任本身就隐含着赌注。如果我们对每个人、每件事都把握十足的话，信任就会失去价值，这就好比钱突然多得花不完，或天天都是艳阳高照的好天气，又或者长生不老。但我们也知道在付出信任时，我们可能会被骗，甚至受到挫败。信任是昂贵的，我们是否愿意付出必要的代价？

我儿子埃米利奥今年11岁，他希望我能允许他做薄饼。我脑海中马上就想象出这样的场景：厨房着了火，地板上到处都是面粉，埃米利奥眼泪汪汪——更不用提根本就不能吃的饼了。但是，看到他眼里的希望和热情，我同意了。过了不久我去了厨房，发现那里并没有成为灾难现场，而只有整齐堆放的薄饼。埃米利奥为自己的作品自豪，而且薄饼也很美味。这就是信任的作用：不仅会产生薄饼，还会产生满足和独立，而如果我不信任他，跟他说只有大人才能做薄饼，便只会给他带来挫败感和无能感。

还有个相反的例子：我曾治疗过一个病人，她有盗窃癖。她地位显贵，却有着无法抗拒的偷窃欲望。在以为没有人看的时候，她就会偷东西，比如钢笔、笔记本、剪刀，然后藏进手提包里。这样做时她会感到焦虑，心想如果她这样声名显赫的人被抓住会怎样？那将会是大灾难。但只要走出商店门，她就会兴奋不已，洋洋得意。在接受治疗时，她知道自己的偷窃癖是对缺乏信任的反抗，因为小时候家里所有的东西都是锁起来的，所有家庭成员彼此都不信任。没有人会乱放东西，家里整洁得无可挑剔，也空虚得令人压抑。锁起来的柜子在不断告诉她："我们不信任你。我们害怕你偷，因为你是不诚实的。"所以，她就开始偷窃了。

不信任对我们性格的影响是深远而持久的，甚至是毁灭性的。而信任的效果恰恰相反，它可以帮助和滋养我们，让我们拥有更多可能性。信任以及温暖的根源可以追溯至我们的进化史，它是哺乳动物尤其是人类的特征。我们的生存与信任息息相关。想想看，婴儿在母亲怀里沉睡，会显现出绝对顺服的姿态。婴儿似乎习惯于睡在妈妈像摇篮般的臂弯里，这个臂弯也是专门为他准备的。在我们出生后的第一年中，如果我们拥有基本的信任，这种信任感就会伴随我们一生；如果我们缺乏信任，就会给接下来的生活带来恐惧和愤怒的重负。作为最依赖他人、依赖时间最长的物种，我们接受了父母旷日持久的关爱和保护。正是得益于这持久的依赖，我们可以很多年不必担忧自己的生存问题，而是自由地去玩耍，并且比其他物种学到的东西都要多。信任是我们的生理习性中所固有的。

也许正是这种生理习性将信任和健康联系了起来，研究也发现，拥有更多信任的人通常更加健康。如果你早晨一醒来就想到要保护自己，害怕坏事会发生在自己或家人身上，而不是认为这个世界热情而善良，那么你的处境将会每况愈下。研究人员研究了 55 到 80 岁之间的男性和女性，发现那些更容易信任他人的人健康状况更好，在生活中也更满足。在 14 年后的跟踪研究中，他们还发现这些人也更长寿。研究人员得出的结论是：信任可以保护我们的健康。在以大学生为研究对象的其他研究中，研究人员发现更信任他人的人更有幽默感。

那么在商业领域是什么样的呢？人们可能会认为，那里的规则是谨慎而非信任。富于信任的人做生意更成功吗？针对这个问题也有大量研究，得出的结论始终是相同的：以信任为原则的商业活动运行得更好。不信任会怎样？在什么情况下我们工作效率更高？是彼此充满疑心地解读每个行动、字眼和表情的环境下，还是在友好团结的氛围当中？

信任客户对生意有好处。穆罕默德·尤努斯创建了孟加拉乡村银行，贷款给非常穷苦的人，帮助他们做些小生意，例如开伞厂、造船厂、防蚊蝇纱工厂、香料或化妆品工厂等。这些贷款没有相关法律约束，也不需要抵押（穷苦客户绝对付不起），也没有书面协议，只有口头约定。尤努斯相信，所有人都有潜在的才智。结果证明尤努斯是对的，他用信任帮助数以千计的人脱离了贫穷，获得了尊严和独立财产。这不是做慈善，而是一桩好生意：最终他银行的贷款偿还率高达 99.9%，比普通银行里那些富有客户的偿还率还要高。

信任能缓解压抑，消除过去的创伤，这可能也是它有益于健康的原因。恐惧、疑惑和顾虑不仅会阻止我们的行动，还会侵蚀我们的能量。如果我们的大部分脑力活动都用在了担忧和自我保护上，还怎么能积极主动、充满创意地享受生活呢？即使对生存而言谨慎的态度必不可少，可过度谨慎也会阻止或延误我们。

信任某人就像赠人礼物。当我相信我6岁的儿子乔纳森能给我端来咖啡而不会洒出来时，当我把最爱的图书借给同事并相信他会还给我时，当我向朋友吐露秘密并且知道他会保密时，我都是在赠送信任的礼物，我是在对这些人说"你能做到，你是值得信任的"。信任改善了我们的人际关系，它能激励他人，让他或她拥有更多的可能性。

我们已经知道信任暗藏着风险。当信任他人时，我们自己容易受到伤害，秘密可能会遭到出卖，咖啡可能会洒到地毯上，书可能永远都不会被还回来，但正是这种脆弱性让信任更加宝贵。因为如果信任绝对安全的话，就会变成官僚主义。正因为我们置身危险之中，信任才如此温暖和宝贵。

如果我不让乔纳森给我端咖啡，不借给同事那本书或不向朋友倾诉秘密会怎样呢？这样做可能也是明智的，但会使得他们失去了某种可能性，让他们对自己失去信心，我也会和他们变得疏远。如果我信任他人、参与他的生活并且认同他的话，我会感觉自己离他更近，不管对方是我儿子还是朋友。

我看着乔纳森走过房间，手里端着咖啡杯准备递给客人。有那么一会儿他走神了，还差点儿被地毯绊倒，杯子里的液体危险地晃来晃去。他可能会把咖啡洒出来，烫伤自己，把杯子掉到客人的膝盖上。但是没有，杯子平安到达了目的地。我大着胆子信任他，通过这种方式，我和他产生了联系。当他在冒险时，我和他同心同德。不信任会产生距离和障碍，而信任会创造亲密。

大体有两种观点：一种是我们希望每样东西都是安全和预料之中的，又或者，我们接受生命必然蕴藏着危险的事实，而且知道追求绝对的安全是愚蠢的。很多传统故事都讲到自知身处危险之中的国王，他们知道有人会推翻自己，于是设法自保。但是不管权力多大，他们都会失败，因为没有人是无懈可击的，每个人都有自己的弱点。

在前一种观点中，我们因为怀疑而疏远他人；而在后一种中，我们与他人更接近，知道彼此的命运紧密相连。前者情形下我们是悲观主义者，为了保护自己远离攻击、欺骗、偷窃和其他邪恶，我们的警报系统无时无刻不是打开的；而在后一种情形下，我们对自己和他人的关系更乐观，将危险视为创新和兴趣的源头。

我们可以同时用这两种方式来看待世界。如果在街上有个陌生人靠近你，你会怎样看待他？你的警报响了，想着要说什么，怎样避开他或保护自己。你感到紧张，也许还会害怕。他迈着坚定的步伐向你走来，看上去很危险，噢不！其实他只是想把你下车时掉到地上的钥匙还给你。警报解除。

我们体内的警报系统会开启多长时间？日常生活中的报警和防护系统反映了我们的心理历程：摄像机拍摄我们在公众场合的每个举动；遥控门看上去在说："停下来！你是谁？"；海关官员打开我们的行李让警犬嗅；商店里的电子检验系统确保我们没有偷东西；加固钢

门装着特殊的门锁；验钞机会查验钞票的真伪；警报器即便没有盗贼也会响起来；机场设有安检门；直升机会在城市上空巡逻；电线上面满是倒钩；看门犬会在你走过来时凶猛地吠叫……这些防御措施尽管可能是必需的，但它威胁到了我们，让我们感到焦虑不安。

这些设备、人、动物或机械都不过是我们具体化了的恐惧，那些监控设备、路障、锁在被生产出来之前就已经存在于我们心中。我们每天反复使用和维护它们，费尽心力让它们正常运行，哪怕不再需要了，也还是尽量让它们继续运转。

我们也可以抛弃这些保护措施。一次我去餐厅吃饭，那儿没有收银员，可以吃完饭后直接打开装现金的盒子，把该付的钱放进去，有需要的话自己找零。这样受信任多好啊！仿佛食物也变得美味多了。几年后我回去找那家餐厅却找不到了，变成了一家保险公司。也许是因为他们过于信任别人了？我们又怎么知道是信任还是不信任呢？

近期的研究发现，高度信任他人的人并非天真，而是因为他们足够聪明，可以区分什么值得信任什么不值得。而有的人不信任他人其实是因为缺乏这种能力，所以采取明哲保身的做法，也就是拒绝每一个人。这些人的社交生活要贫乏得多。很明显，适度的怀疑是健康和明智的，可一旦它内化成我们的性格、世界观，让我们变得紧张，就会成为我们的障碍。

信任和善意密不可分。善意就是信任，就是乐于冒险，让我们彼此靠近。信任是对他人的善意。如果有个人一开始看上去很善良，但碰到问题时却不信任我们，我们会感觉如何？他的善意没有实质内容，只是虚伪的礼貌。相反，如果有个人比我们自己更信任我们，我们会感觉如何？我们会感到欢欣鼓舞，因为这会让我们发现自己都没有意识到的品质或能力。信任是良好关系的灵魂，但不仅如此。我的朋友约翰·惠特莫是个商业顾问，他主持了大量的研习会和会议，他总是问很多人同样的问题：在你的生命中，哪种关系给你的滋养和鼓舞最多？为什么？几乎在所有的情况下，答案都是相同的：感到被信任的关系。

曾经某个项目研究了可怕的伊尼基飓风的32位幸存者。伊尼基飓风在1992年9月11日袭击了夏威夷的考艾岛。这些人被问到下面这个问题：你对自己、他人和上帝的信任在飓风中和飓风后对你的生命有什么影响？研究对象来自8个不同的种族，他们回答说信任在各个方面都有积极影响，例如感激、责任以及相互支持。研究人员认为，信任增强了幸存者的自尊，改善了他们和家人及朋友的关系，最大的益处是减少了恐惧，增强了安全感，这反过来帮助幸存者活了下来。

其他研究项目调查了因为事故而受到严重伤害的几个人的变化。创伤给他们带来了什么变化？研究显示，他们对他人的信任增强了，这恰恰是因为研究对象失去了行动能力，不得不接受别人的照顾，所以对自己的运动和生活的控制也就少了很多。很难知道一个经历过重大事故的人心里在想什么，但有件事情是确定的：他的处境变了，不再处于控制的地位了，他不得不顺服。

信任的本质是顺服。放手的能力对我们有着深远和变革性的影响。当我们意识到自己无法控制所有事情，我们可能会放弃必然性或者说必然性的幻觉，我们可以放下自我，接受生命带给我们的所有悲欢离合。这种变化包括紧张感的消除。放手是重大的精神突破，我们可以在信任中找到它，也可以在其他态度例如宽恕和爱中找到，还可以在面临无法解决的问题时找到。我们放手，然后吊诡的是，这种态度本身就是解决办法。有些形式的认知常常伴随着自我顺服——我们在艺术创造、祈祷、科学反思以及冥想中可以看到这个过程。

中国西藏曾经有个故事，讲的是某个热切寻求开悟的求道者。后来，有位圣人从这个村庄经过，求道者请求圣人教授他冥想的艺术。圣人解释道："从世界中超脱出来，每天都以这种方式冥想，你就会开悟。"这个人就去山洞中生活，并且按照指示去做。时间流逝，但他并没有开悟。两年、五年、十年、二十年过去了。在这么多年过去后，那位圣人正好再次来到了这个村庄。他去见了圣人，讲到自己如此费力却没能开悟。圣人问："我教给你的是哪种冥想？"这个人告诉了他。圣人说："哦，我犯了个多么可怕的错误！这种冥想不适合你。你应该采取完全不同的方法，但是现在太晚了。"

这个人闷闷不乐地回到了自己的山洞。他已经失去了所有希望，放弃了所有愿望、努力，不再试图驾驭任何事情。他不知道要做什么。因此他就去做自己最擅长做的，他开始冥想。让他吃惊的是，困惑很快就消失了，美妙的内心世界展现在眼前。他感到很轻盈，仿佛获得了重生。在精神的狂喜中他开悟了。他快乐地离开山洞，发现周围的世界全变了：雪山、纯净的空气、蓝天、闪耀的太阳。他很快乐。他知道自己达成了目标。在令人迷醉的美景中，他仿佛看到圣人那慈祥的笑容。

为什么这个人在就要放弃的时候却成功了呢？因为他放下了。印度神秘的罗摩克里希那过去常说，我们必须像从树上落下、在空中盘旋的叶子，没有任何参照点。信任可以让我们放下。我们知道自己不能掌控所有事情，可能有那么一刻我们会恐慌，然后紧张感就会消散，我们就自由了。

信任可以让我们放下。我们知道，各种意料之外的事情都会发生。我们会变得放松，我们的头脑和心灵会自发打开，迎接新的可能。这个瞬间是全新的心灵状态，因为我们已经超脱了我们已知的所有事物。但这种感受又仿佛由来已久，因为在所有的背叛和失望出现之前，信任曾经是我们生活的实质。

第 8 章

正念

唯一的时间就是现在

英国心理学家理查德·怀斯曼发现，幸运者之所以幸运是因为个人的性格，而非神秘的命运。这不是因为魔法，也不是因为幸运，而是因为他们是开放的、活在当下的、和生活带来的机会同频共振的。而那些不太幸运的人则沉迷于自己的幻想之中，纠缠于自己不可能实现的欲望。幸运的人只是更专注。

有这么一则道教故事，一个中年男人丧失了记忆，他什么也记不得了。晚上他想不起来自己白天做了什么，第二天他想不起头天晚上的事情。在家里，他忘了坐下，在街上，他忘了走路。他的大脑每时每刻都在清除刚才发生的事情。

他的亲人很绝望。他们尝试了各种方法——医生、巫师、萨满教巫医——但都无济于事。最后，孔子来了，说："我知道问题所在。我有个秘方，让我单独和他待上片刻。"他们同意了。治疗花了些时间，没有人知道发生了什么。最后，这个人的记忆恢复了。

他虽然恢复了记忆，却怒不可遏："以前，我什么都不记得，我的心纯净而自由。现在我的心因为这几十年的记忆而不堪重负，几十年的成功和失败、损失和收获、欢乐和痛苦都出现了。因为想起了过去，所以我很担忧未来。"

"我以前感觉要好得多。把我的健忘还给我！"

事情就是这样：回想过去或预期未来，你就不再活在当下，而是沉浸在时间之流中。我们发现，时间是个大秘密。仅是想想时间就会让我们头昏脑涨。我们的生活——出生、童年、上学第一天、青春期、友谊、爱情、工作、人生的里程碑——看上去跨度很大，充满了无数的事件。要不然就是看上去过得太快了。回想下某个年头，不妨就选择刚刚过去的这个年头吧。这一年可以发生一千件事情，愉快的和不愉快的，看起来可能很长或很短，或既长又短。然后想想一个小时吧。一个小时内能发生多少事情！然后想想一分钟吧，一分钟内你能有一千个想法。这一分钟可以看上去长得无止境，但眨眼之间就结束了。现在想想一秒钟。我们说出这个词的时候，一秒钟就已经过去了。但是刹那在哪儿呢？比一秒钟还要短吗？比十分之一秒呢？比千分之一秒呢？不管有多短，也不可能是现在，因为它已经过去了或者还没有到来。现在是不可触摸的。

那无法触摸的瞬间就是我们所真正拥有的，是真实的瞬间。过去的已经过去了。未来不管多么有希望，仍然是一个童话。只有现在是存在的，尽管我们抓不住。然而，每时每刻都是如此。现在从来不会离开我们，因为我们永远沉浸于现在之中。

我们只能借助思想逃离现在。有时这是件令人愉快的事情。记忆可以滋养我们，赋予我们力量。正如本书后面"记忆"一章的内容所言，我们的过去与我们同在，如果我们没有过去，就不会拥有未来。阿尔茨海默病最可怕的症状就是健忘：病人活在现在，但是这个现在没有过去可言，因此他不知道自己是谁，之前发生过什么。他是自己的过去的孤儿。

过去，是我们自己的遗产，但可以让我们离开现在。如果我们的过去有些快乐的时刻，而且我们不断重现这些时刻，我们就会感觉不协调，因为现在是不同的。我们意识不到所有事情都已经变了，不知道这点的话，我们就会落伍。与此同时，如果我们的过去充满黑暗和创伤，我们就会想要逃离这个噩梦。但是这个过去可能会很顽固，会始终跟随着我们，抢走我们的现在——至少直到我们学会真实地活在当下之前是这样的。所以前面故事里那个人说得对，他那自相矛盾的观点提醒我们：只要我们完全活在当下，就可以获得自由。

我们也会被投射进未来，这种状态在某种程度上是正面的。未来是我们仍可以把握的，充满了各种可能性，因此充满了希望和创造。没有未来，没有投射，我们就不是真正的人。但是活在未来等于是身处某个不存在的地方。未来可以看作是积极的，但也可以看作是危险的。未来会给我们带来压力，因为可能我们不想去往未来，但我们知道无论如何未来都会到来，不管我们多么用力踩刹车。未来也可能有很多事情需要我们去做，仅仅想想未来，并知道我们永远也无法如愿就足以让我们筋疲力尽。这种压力使得我们无法全身心投入那个瞬间，那个我们可以实实在在做些什么的时刻：现在。

上面故事里那个健忘的人很生气，因为他找到了过去，却丢掉了现在。幸运的是，在现实生活中我们能够反复地找回现在。这个简单的秘诀每个人都可用：去做你正在做的事情。确实，这是逃离所有不幸的古老秘诀：做你该做的。如果我正在做手头的事情，不去想象有危险正在靠近，心无杂念，那我就是全神贯注的。我百分百在这里。如果是这样的话，那么在那个瞬间我什么都不怕，什么都不需要，我就这样获得了充实。

我曾经观察过信仰佛教的朋友兼心理学家安德烈·博克尼带领人们练习行走冥想的情形，并亲眼看到，正念能够怎样快速地改变单个人或许多人。安德烈正在教学生们做正念冥想，参与者需要缓慢地来回走动，注意迈出的每一步：现在我的右脚正在接触地面，现在我正在抬起我的左脚，诸如此类。5分钟后，整个群体中的气氛变了：一开始大家注意力很分散，现在变得清晰而专注。我想知道，如果世界各国的议会或者大企业的董事会每天以这种方式开始工作，那结果会怎么样？

关注当下的冥想技巧在临床应用上有很好的治疗效果，例如，治疗焦虑、皮肤紊乱或慢性疼痛。你学习活在当下，观察所有事物的本来面目，不去评判、增加或减少。是什么就是什么，我们不要去贴标签或进行评判。而且，集中注意力有益于健康。研究人员对两组老年人进行了试验，其中一组老年人会照看花草，而且每天有更多机会去做选择。换句话说就是，他们在当下必须要集中注意力。另外一组与通常无异，研究人员也不对他们发布任何指令。一年后，第一组的死亡人数比第二组少一半。教训毫不夸张：集中注意力，你就会长寿。

越专注，越幸运。为什么有些人看上去总是很幸运，所有的巧合都对他们有利呢？这仅仅是因为运气还是另有原因？英国心理学家理查德·怀斯曼发现，幸运者之所以幸运是因为个人的性格，而非神秘的命运。通过访谈和试验，怀斯曼发现，幸运的人更放松，他们往往不仅能看到自己正在寻找的东西，还能看到其他东西。他们对新鲜事物和意外情况保持开放的心态，而那些不那么幸运的人（往往更神经质）更为封闭，他们只去寻找想要的东西，还常常找不到。幸运者会留意报纸上的文章、用心聆听对话中可能对自己有用的话语、看到地上的钞票，因此成功的机会大大增加，他们不会放过美好的机会。这不是因为魔法，也不是因为幸运，而是因为他们是开放的、活在当下的、和生活带来的机会同频共振的。而那些不太幸运的人则沉迷于自己的幻想之中，纠缠于自己不可能实现的欲望。幸运的人只是更专注。

关注当下让每件事情更有趣，为此这个世界不再是模糊不清的阴影，而有了更新的形式。我首次意识到这一点的时候还是个孩子，当时我遇到了阿道司·赫胥黎。我在本书引言中提到过他，并提到过他说的话：善良是发展我们潜能的最佳途径。对他来说，意识不仅是善良的基础，还能通向无比有趣的世界；意识把我们周围的世界变成了加沙——巴比伦人的天堂，那里有无数的珍宝和奇观。我9岁的时候，曾经和他一起坐在桌子前。我知道他对各种事物都感兴趣，他说自己是"百科全书式的无知"，因此我去花园里找来了硕大的毛毛虫，放到他面前。我不是在开玩笑，而是把毛毛虫当作观察对象。尽管在座的人中有一两个生气了，但很明显我没有做错，因为他从口袋里拿出了随身携带的放大镜，对毛毛虫进行了研究。"太棒了！"他说，这是他最喜欢说的话。如果我们活在当下，那么每个瞬间都是惊喜，每个瞬间都是新的奇迹。

但常常事与愿违。我们把自己的期望和看法强加于现在，而这些期望和看法是以过去或未来为基础的。我们去见某人时，已经预料到她会是什么样子以及她会说什么。我们发现自己身处困境：我们相信自己知道会发生什么。我们活在一无所有的现在，失去了它最基本的特质：惊奇和新颖。结果令人厌倦：我们就像游客参观在宣传手册上看到过的景点，看不到什么新鲜的人和事，只能看到自己预料之中的东西。

关于这个话题，释迦牟尼曾经在演讲中表达了基本观点：看就要全心去看，听就要全心去听。意思就是，暂不考虑你期望看到什么，不要用预设的观念去对待当下，只要专心并完全敞开自己。你必须要允许自己对当下感到惊奇。

不管在哪种关系中，活在当下都是必要条件。如果我心不在焉，不在当下，那么我在哪里？如果我不在这里，谁在代替我讲述这些？我指定哪个鬼魂、哪个机器人来代表我？来看个例子，我和儿子埃米利奥在餐厅吃饭。时不时有些客人进来用餐，他们认识我但我并不认识他们。埃米利奥头发很长，他很喜欢自己金黄色的卷发。他长有男孩子的脸，但如果不仔细看的话，会想当然地认为他是个女孩子。我们坐在餐厅里，一群熟人走了进来，说："你好！这个可爱的小姑娘是你女儿吗？你好，小姑娘！"然后他们走了，埃米利奥很生气，他不喜欢被当作女孩。过了2分钟，又进来了几个我认识的人。他们又问我这个可爱的小女孩是谁，然后他们走开了，没看到埃米利奥都气哭了。又过了片刻，我的朋友兼同事维尔吉利奥进来了，他看到我们，走了过来。埃米利奥预感到不妙，看了我一眼仿佛在说："同样的情况还会上演吗？"但是维尔吉利奥注意到了（他喜欢每天花几个小时打理自己的菜园，这是他冥想的形式，可能有助于他活在当下）。维尔吉利奥看着埃米利奥，拍了拍他的肩膀，跟他打了个招呼，开玩笑地叫他"长头发"，并且引他加入谈话。埃米利奥笑了。就这么简单：如果我们活在当下，我们就能真正看到面前的人，否则他对我们来说不过是个概念。实际上，活在当下是我们和他人交往的唯一途径。

和某人共同活在当下是一份馈赠。"专心"这个礼物可能是最宝贵的，也是最受嫉妒的，即便我们总是意识不到这个问题。它就在那里，我们随时都可以拥有。它也是我们暗地里希望他人能为我们做的，我们知道它可以给予我们安慰、空间和能量这些治愈性的东西。我记得有个很古怪的朋友给我讲了个极端的例子。当时这个朋友正在跟着治疗师上心理治疗课程，这位治疗师和他相似，并不是墨守成规的人。治疗过程中，朋友觉得非常困，说她想要睡觉，然后就睡了。第二天早上她醒来后，治疗师不仅没有怪她，而且整晚都没睡，待在她身边，始终保持着警醒的状态。

这个例子很极端，但实际上很了不起。想想那些没有给予你所需要的关注的人吧：丈夫、妻子、孩子、朋友、同事、上司、医生、老师、雇员。想想你跟别人讲话的时候，他却看向别处，或者读报纸，或者提到跟你正在讲的内容毫无关联的话题，或者走开。忽视具有破坏性、令人沮丧，还会消耗你的活力，剥夺你的自信，还可能激发我们潜在的自卑感，让我们感觉自己一无是处。我在工作中常常听到这样的故事，有人和伴侣做爱时会想象是在和自己更喜欢的人做爱，或者想象自己身在别处，对我而言这是典型的忽视。

与此同时，正念或者说专注具有神奇的力量，它可以赋予人活力。我讲的是纯粹的专注，不加评判，不提建议。专注意味着我们能够抗拒不断入侵、想要诱惑我们心灵的各种喧嚣，因此专注是美好的道德品质，就像爱和正义那样。我们常常将注意力视为一个中性的词："当心你的头！""过马路要小心！"但即便如此，这里也有隐含的道德层面，因为如果注意力缺失可能会危及很多人的生命，就像我们在无数悲剧中看到的那样：工作事故、服错药、过马路前没有看而被车撞到、没有正确折叠好降落伞、飞机失事……疏忽可能会造成灾难性后果。

然而我们对专注的重视程度远远不够。在我上课的心理疗法学校，墙上挂着写满励志话语的卡片，提醒我们诸如和谐、平静之类的品质。这属于精神综合的方法。有人曾把写有"当心"的卡片放在很低的天花梁上，是为了防止人们碰到头。这意味着"当心"已经从道德品质沦为街头标语。但是，专注不仅仅是为了防止事故。在低的天花梁上放卡片提醒大家是个好主意，但我们别忘了专注还意味着"随时有空""关心"和"倾听"。

专注意味着警醒，因此我们能意识到正前方有什么。比如，我注意到我前面有个人脸色苍白，穿着新连衣裙，她有点不舒服或是不开心，看上去没有睡好，又或者看上去状态很好。很可能我对那个人有感觉，我知道该怎样去和她产生联系。这同样适用于我们周围的世界。实际上，我们所在的星球深陷生态危机本身就是我们疏忽的结果。我们不够关注周围的事物以及自身行为的后果。将塑料瓶扔到田野里、把可以循环利用的垃圾倒掉，或者用丑陋的混凝土破坏我们的风景，这些都是疏忽的结果。而我们要做的就是睁开眼睛。

因此，专注是一种善良，疏忽是一种极大的粗野。疏忽有时甚至是一种暴力，尤其在涉及孩子们时。疏忽到了某种程度当然可以视为虐待，但轻微的疏忽是童年时代最常见的丑行。当其他人出现时，我们可能会高挂"马上后退"的警示牌，然后继续想自己的事。我们的头脑里有数以千计的念头，既吓人又诱人，它们都在蠢蠢欲动，想要吸引我们的注意力。我们可以倾听这些念头，沉浸其中，而我们面前的人可能都注意不到这些。但是，我们也可以专注于面前的人。疏忽是冷酷而生硬的，专注则充满温暖和同情，可以激发出我们最大的潜能。

有个非洲故事讲的是，某个国王的妻子总是郁郁寡欢，身体也不好。一天，国王注意到附近住着个贫穷的渔夫，他的妻子健康又快乐。因此他问渔夫："你是怎样让她这么快乐的？""这很简单，"渔夫说，"我给她喂舌尖上的肉吃。"国王认为自己找到了解决办法。他命令王国里最好的屠夫提供舌尖上的肉，来改善妻子的饮食。但他的希望落空了，妻子的身体每况愈下。国王很生气，他找到渔夫说:"让我们换换妻子吧,我想要个开心些的妻子。"渔夫被迫接受了提议,但他很难过。时间流逝,让国王失望的是,他的新妻子也慢慢变得虚弱苍白,而跟着渔夫生活的妻子现在健康而快乐。一天,她在市场上遇见国王,国王几乎都认不出她来了。国王很吃惊,说:"回到我身边来吧!""我才不回去!"然后她解释道,"每天我的新丈夫回家后会坐到我身边,给我讲故事,听我说话,给我唱歌,他让我欢笑,让我有了生气。'舌尖上的肉'就是:有人跟我讲话,关注我。整个白天我都在盼望夜晚到来。"这下国王明白了,他既觉得万分羞愧,也感受到一股具有真正转折意味的巨大能量。他能弥补过去犯下的错误吗?他现在能真正觉醒吗?

关注是媒介,借助于关注,善意才可以流动。没有关注就没有善意,也就没有温暖、亲密和联结。想想你和他人共度的美好时刻吧:你们确定彼此都在这里,全神贯注。通过关注,我们为生命赋予意义和重要性,提供滋养,与他人亲近,我们付出的是全心全意以及心灵的能量。只有活在当下,我们才能关心他人、去爱、享受彼此。一旦遇到冲突,最好的解决办法不是空想,而是保持清醒。对一切关系而言,唯一的时间就是现在。

第 9 章

同理心

感觉的扩展

不管我们的内心世界有多么丰富和浩瀚，它仍然是个封闭的系统，不乏狭隘和压抑。在他人面前把自己封闭起来会让我们失去平衡，而参与他人的生活可以让我们更健康、快乐。只关注自己会让人更压抑和焦虑。可以确定的是：那些最关注自己而不怎么关注他人的人，更容易感到恐惧或不快乐。

虽然我不是音乐家，但我曾有机会亲手触摸 18 世纪制造的精美小提琴。让我惊叹的不仅仅是它优美的线条或美丽的木纹，而且拿在手里时我能感到它在震动。它不是没有生命的物品，而能和周围的各种声音产生共鸣和共振，比如其他的小提琴、街上经过的电车、人的声音。如果你拿的是工厂制造的普通小提琴，这种事情是不会发生的。它周围可能会有几百种声音，但不会和它产生共鸣。为了让这把小提琴高度敏感而且有很好的共鸣性，制造者必须要非常了解木头以及如何处理木头。这种小提琴背后是无数代工匠的技艺传承，他们对木头的切割和小提琴的装置都有极大天分。

这不可思议的共鸣就是一种美德。产生共鸣是小提琴的性能，与此同时，它能够发出非比寻常的声音——有灵魂的音乐能够打动人，给人启发。

我们人类就像或者至少可以像那把小提琴那样。自从来到这个世界，我们就能够和他人产生共鸣。新生儿会和其他号哭的婴儿一起哭。同理心起初不过是简单的直觉共鸣能力，后来逐渐发展成理解他人感受、观点并认同他人的能力。

但是如果这种能力没有得到充分发展或受挫的话，我们就会陷入麻烦。如果我们对他人的情绪不敏感，每种关系都会变成无解之谜。如果我们不把他人看作鲜活的个体，而是视为像冰箱或路灯那样毫无生命的东西，我们就是在允许自己操纵甚至侵犯他们。相反，如果同理心得到了充分发展，我们的存在就会变得丰富多彩。我们就能走出自我，进入他人的生活。人际关系就会为我们带来兴趣、感情和精神上的滋养。

不管我们的内心世界有多么丰富和浩瀚，它仍然是个封闭的系统，不乏狭隘和压抑。里面有我们的思想、烦恼、欲望，可我们的心里就只有这些吗？有时看来如此。但我们可以走出这个自我的世界，进入他人的世界——他人的情感、恐惧、希望和痛苦。这个过程有点类似星际旅行，但与星际旅行相比，完成这个壮举要简单得多。在他人面前把自己封闭起来会让我们失去平衡，而参与他人的生活可以让我们更健康、快乐。只关注自己会让人更压抑和焦虑。可以确定的是：那些最关注自己而不怎么关注他人的人，更容易感到恐惧或不快乐。

自史前时期起，同理心对我们的生存而言就是必需的：人类只有团结起来才能壮大，而如果无法理解他人的感情和意图的话，团结是不可能的。在日常小事上也是如此：想翻越护栏的人，或者在街上乱扔垃圾的人，或者在别人睡觉时制造噪音的人，他们这样做是因为不能设想他人的反应。对于交往、合作和社会凝聚力而言，同理心是先决条件，如果我们没有同理心，就会回到原始状态甚至消亡。

无论对哪种人际关系来说，同理心都是改善关系的最好方式。你见过那种吵架吗？双方都不关注对方，或者无法从对方的角度来看问题。这是多么痛苦的事情啊，但时有发生，在国际关系的舞台上也频频上演。同理心最为稀缺，也最有助于消除古老而危险的种族问题或偏见，因此在这个时代同理心非常重要。

由于全球人口在以前所未有的规模急剧地流动，我们越来越经常地接触到来自其他文化的人群。他们在与我们完全不同的环境中长大，拥有不同的外表和不同的宗教信仰。他们的习俗、食物、衣服，以及对性、时间、礼貌和责任感、工作和金钱的态度几乎都与我们不同。我们最初的反应常常是怀疑。显然，人类的种族歧视是根深蒂固的，这种怀疑并不理性，而且基于直接的情感反应，超出我们的控制。因此即便是那些声称自己没有歧视他人的人，也常常怀有歧视。

在我们各类教育体系中，对同理心的训练可能是最急需的。伟大的小提琴家耶胡迪·梅纽因曾经在采访中讲过非常棒的话：如果德国的年轻人在成长过程中不仅欣赏贝多芬，而且还去跟着传统犹太音乐唱歌跳舞的话，那就不会发生犹太人大屠杀。

不过，同理心不仅能解决问题，还能让我们感觉更好。研究显示更有同理心的人会对生活更满意、更健康、不那么教条、更有创造力。尽管有这么多优点，同理心也会激发大量抵触情绪。有些人把因为理解而愿意认同他人视为弱点，但这对每个人而言都是最好的解决办法。如果别人感到被理解，意识到我们看到了他观点的正确性和要求的合理性，那么他的态度就会转变。这样我们可以避免无数纠纷。

不久前，为了让一个突然跑出来的孩子先过马路，我开车时紧急刹车，结果后面的车撞上了我的车。我下了车，看到后面的司机怒气冲冲。虽然他没说任何话，但我能感受到他随时都可能会爆发。但两辆车都没有受损，因此我先开口了。我可以说"我没做错"，事实确实如此，但这样说就算不会伤害到对方也于事无补。所以我说："我开得太快，停得太猛，你没有料到我会急刹车。很抱歉，你没事吧？"这人马上变了个样子，他脸上的每根线条都发生了不易觉察的变化。不过一眨眼的时间他就卸下了防御。是的，他没事了。我看到了他眼里的惊奇：他的对手关注他的感受。然后我看到了放松：不需要战斗。最后，他和我握了握手就离开了。这本来可能会演变成怒气冲冲的争吵，但我们在几秒钟后化解了。

因此，我们可以运用同理心给其他人带来安慰和满足。在很多心理治疗师看来，同理心是成功治疗人际关系的基本要素，这绝非偶然。痛苦的人不需要诊断、建议、解释和操纵，他们需要的是真诚而完全的体谅。如果他们感到有人认可他们的经历，在那个瞬间，他们就能够放下痛苦，从而痊愈。

在医学领域也有类似的事情发生。医生越有同理心，病人就会越认为他有能力。不幸的是，医学专业学生往往在实习开始时比实习结束时更有同理心。对于这个救死扶伤的职业，难道我们不应该让他们接受更多的培训吗？

然而，同理心虽好，我们也不可拥有太多。我们很容易滥用同理心。当听到有人遇到麻烦或痛苦时，我们会完全认同对方，结果把自己搞得疲惫不堪、烦恼无比，可能甚至会怒火冲天。我们可能会失去自我。

我母亲去世前身体一直很好，但有时会有点健忘。一天她告诉我，她开车时会过于替他人着想，当看到路口路灯变红时她会想："现在他们是绿灯了"，然后她会把自己当作他们，以至于闯了红灯。直到闯了几个红灯、看到其他司机愤怒的反应后，她才意识到自己做了什么。健忘的同理心是危险的。首先我们需要确定我们能了解自己的需求，要拥有自己的空间和时间。在试图解决他人的问题之前，我们必须要管理好自己的生活，否则我们可能会遇到意外。

在当今世界，要想拥有高情商、高效能干地解决问题，那就不能缺少同理心。较强的同理心意味着在学校表现更好、能找到好的工作、拥有令人满意的关系、能和孩子交流。如果广告经理无法想象人们的反应、音乐家和观众没有交流、老师不能理解学生们，或者父母不知道自己的孩子正在经历什么，那他们怎么办呢？

最能展示、也最考验同理心的，就是为他人的成功而高兴。这种美德被佛教徒称为喜无量心。假设你的朋友突然获得了成功，他的儿子展露出你的孩子做梦都不会有的天赋，或者他刚刚步入美妙无比的恋爱关系，而这些正是你所暗暗渴望的，你会有什么反应呢？你会为他感到高兴吗？还是你会因为这些事情没发生在自己身上而心生不快？你会和他比较、想知道为什么自己没这么幸运，或者感到嫉妒吗？能分享他人成功的快乐是很罕见的，除非对方是我们的孩子，因为我们认为孩子是自己的延伸。如果他人拥有我们自己没有的幸福，我们很难为他们无条件地感到快乐；如果能做到的话，就意味着我们有了很大进步。

但同理心并不等同于快乐无忧的品质。相反，同理心往往和失败而非成功、痛苦而非快乐联系在一起。确切来说，只有在事情变糟时，同理心才是有益的。有人分享我们的快乐时我们会很高兴，确实如此。但是当我们身处不幸时，我们需要的是有人能理解我们。

为了拥有充分而真诚的同理心，我们必须要健康地对待自己以及他人的痛苦。痛苦当然是我们最憎恶的，只要有可能我们就会逃离它。避免痛苦确实是健康的基础，将痛苦降至最少是智慧的象征，但在我们的生活中，痛苦是不可避免的。我们都很脆弱，或早或晚都会生病、犯错、失败、对生活失望或失去我们所爱的人。我们都会遭受痛苦，我们必须要和痛苦和解。

你怎样面对痛苦呢？有人假装感觉不到，全程笑着面对："这没什么。"有些人以此为傲："我头疼得比你厉害。"有些人喜欢炫耀，会详细描述所有的痛苦："让我告诉你我的蛀牙是怎么形成的。"有些人责怪上帝或命运，认为是天降横祸："总是发生在我身上！"有些人会一直抱怨，即便痛苦已经结束了。他们不仅抱怨已有的痛苦，还抱怨可能会发生的痛苦，仿佛不想毫无防备。有些人始终都在抗争，不管是否有理由这样做。最终，有些人变得灰心丧气，打起了退堂鼓："我放弃。"

这些都是面对痛苦的无效方法，可能会带来若干虚幻的安慰，但大部分情况下痛苦只会保持原状或加重，而不会消失。面对痛苦的最好办法是真诚而勇敢地直接面对：进入痛苦里面，就好像进入隧道，然后从另一端钻出来。

关于这种面对痛苦的态度，喀戎的传说大有可取之处。喀戎的出生是强暴的结果：他父亲克洛诺斯是众神之首，把自己化身为马匹去追逐女人，然后抓住并强奸了她。生下的儿子是半人半马的畸形，一出生就被母亲抛弃了，所以喀戎是在耻辱与痛苦中出生的。最初喀戎通过否认可怕的现实来对抗痛苦。在阿波罗的帮助下，他学会了所有高贵而聪明的才艺，也就是人的那些天赋，他精通医术、草药、占星术、剑术。他名声远扬，国王们都想让他教自己的儿女。但是有一天，喀戎的膝盖不小心被毒箭所伤。如果是个普通人可能就死了，可他是神的儿子，所以他不能死，只能忍受痛苦。

他的痛苦无以言表：因为行动受限，他只能依赖自己的女儿。毒箭射中的是他身体的下半部分，也就是马形的那部分，他向来以这部分身体为耻，而且想方设法去忘记它，因为这会让他想起自己被抛弃的痛苦。膝盖受伤后，喀戎不能去皇室执教了，但还能帮助穷人和痛苦的人。他以出色的技能完成了这项任务。尽管他尽力缓解自己的痛苦，却没有成效。不过，通过痛苦他获得了知识、敏感和同理心，并利用它们成功地治愈了他人的痛苦。他成了疗伤者。

一天喀戎得知，如果他宣布放弃长生不老，他的痛苦就会停止。这意味着他必须放弃自己作为神的最后的特权。他决定这样做，于是从天上降落到了凡间。最后，宙斯让他升天，把他变成了人马座，也叫射手座，我们在晴朗的夏夜仍能看到。他终于找到了自己长久以来寻找的和谐与宁静。

喀戎不是像阿喀琉斯或赫拉克勒斯那样的男性英雄，他是反英雄的。尽管他很脆弱，但也因为这脆弱而赢了。只有当他不再不惜任何代价去确认自己的才智和天分时，他才变得心怀同情，并去治愈他人。当他不再与痛苦搏斗而是接受痛苦时，他才达到了觉悟的最高境界：与万物同化。

如果我否认自身的痛苦，就很难认可他人的痛苦。如果我夸耀痛苦，我就会视他人为竞争对手，不可能察觉到他人的问题。我自己的痛苦是我同情他人的基础。

我们最同情那些和我们遭受相似痛苦的人，这是自然而然的事情。小时候受过虐待的人能理解受过同样创伤的人。车祸或性虐的受害者、破产的人、失去孩子的人能更好地理解遭受类似悲剧的那些人，也能更好地帮助他们。因此，创伤之地会成为服务之所。

这是培养同理心最困难也最痛苦的方式。我不希望任何人这样做，但是从某种角度来说这是每个人命中注定的。不同程度的痛苦是我们生活的伴侣，但其效果并非总是悲剧性的。如果我们真诚面对的话，痛苦就会结出珍贵的果实。痛苦深入我们内心，打开我们（有时用很粗暴的方式），让我们更成熟，让我们发现自己没有意识到的情感和源头，让我们更敏感，可能还会更谦卑、更聪明。痛苦严厉地提醒我们什么是最重要的，还能把我们和他人联系起来。是的，痛苦会让我们变得更冷酷或更愤世嫉俗，但也可以让我们更善良。

幸运的是，除了痛苦之外，还有其他方式可以培养我们的同理心。对艺术的了解和实践，比如文学、绘画尤其是舞蹈都可以明显增强我们的同理心。但最简单也最直接的方式就是，想象自己置身他人所处的境地。劳拉·赫胥黎在著作《目标不是你》中率先采用了这种方法。她是这样做的：如果我们和生活中非常重要的人发生了矛盾，例如和丈夫或妻子吵架了，试着回溯当时的场景，与对方产生共鸣。一旦能做到这点，我们就能从全新的而且令人吃惊的角度来看待这个世界，包括我们自己。我看到，这样做的人获得了非常了不起的领悟，他们发现自己从来没有真正了解过身边亲密的人。

有一次，我碰巧在劳拉·赫胥黎的工作室，室内飘扬着美妙的音乐，是莫扎特的钢琴协奏曲。隔壁，劳拉正在通过电话帮助某个刚到美国的泰国年轻女性，她怀孕了。我能听到劳拉在打电话，尽管听不清她说的话，但我知道她在说什么。我听到她的声音中饱含对这位女性的担忧，以及想要帮助她的愿望。通常我更喜欢安静地听音乐，但这次劳拉设身处地替这位泰国女孩着想，能理解她在异国他乡的颠沛流离、孤立无援和绝望无助，更何况还有孕在身。劳拉的声音融入了莫扎特的钢琴曲中，仿佛音乐正在帮助我发现人类的团结之美，那个求助的声音帮助我理解了莫扎特音乐中奇妙的美。在那一刻，我懂得了同情的意思：以真诚和强烈的认同感参与到其他人的痛苦中去。

孩子们常常能迅速而强烈地感受到同情，可能比成年人要迅速和强烈得多。我们成年人经历得太多，不那么敏感了。当我们经过睡在街头的贫穷醉鬼或乞讨的妇人时，我们可能都注意不到。可孩子们还没有学会防备这个世界的邪恶和痛苦。我记得我儿子乔纳森四五岁大的时候第一次看到无家可归的人，那是一个残疾人，就跟我们经常在大城市里见到的那样。我们已经司空见惯，但对孩子来说不是这样。乔纳森看着那个人，他穿得破破烂烂，长发纠结凌乱，满脸怨恨，嘟囔着在垃圾中翻拣。最开始乔纳森满脸都是惊讶之色，然后是同情中掺杂着愤怒的表情：怎么会有这种有伤尊严的事情存在？

还有一次，乔纳森看到有个老妇人正弯腰驼背地上楼梯，每迈一步都很费力。就在那时，乔纳森意识到在人生中有种痛苦叫衰老。我不知道他当时在想什么，但我知道他的心在疼痛，他满怀同情。有时需要孩子帮我们重新发现自己的感情。

同情，是同理心最终也最高尚的果实，因为它让我们脱离了自私和贪婪。任何人都会有同情心，即便是最无能、最痛苦、最愚蠢的人。同情让我们敞开胸怀，又把我们团结起来，它充实了我们的心灵。

不过，你也可以换个方式来定义同情：一种最纯粹的人际关系。在我们的各种关系中，评判无处不在。我们喜欢评判，它让我们拥有优越感。可能是因为旧债，可能是渴望复仇（这是一道我们喜爱的菜，却难以消化），可能是竞争在作祟、渴望提供建议、渴望对比，或者我们可能视他人为达到某种目的的手段，所有这些都会伤害和扭曲我们的人际关系。

现在让我们想象那种最纯粹状态的关系，任何关系都可以。让我们想象这份关系中不存在评判、恶意、比较等等。我们发现自己毫无遮掩和防备地站在他人面前，于是能立刻与他人产生共鸣。卸下了重担，我们感到更轻松。我们不再匆匆忙忙，我们是自由的，同理心由此出现。理解也是如此。如果我们彼此敞开心扉，毫无芥蒂，我就能感觉到你的感觉，你也能感觉到我的。我感到你理解我，你也感到我理解你。如果你正在经受痛苦，我希望你的痛苦结束；如果我正遭遇痛苦，我知道你也会帮我。你快乐，我也快乐。如果我诸事顺利，我知道你也会为我高兴。

或许，我们从此再无他求。

第 *10* 章

谦卑

世上并非唯你独尊

生活中的谦卑让我们能够触摸到真正的现实，再也没有白日梦、幻想或假象。我也是芸芸众生中的一员，能力有限，平凡平淡，和其他人相似。我不必去证明自己优于他人。其他人也存在着，每个人都有自己的需求、现实、希望和故事。在这个星球上，我渺小如微尘，而这个星球也不过是星系中的一粒微尘而已。谦卑帮助我们在星空之下找到自己的位置。

我们经常会收到这样的建议:"了解你自己的长处"。

假设有个人,在面对这个世界时他不知道自己的长处和短处,而是对自己有错误的认知,总是梦想自己变得强大、富有,羡慕一堆自己欠缺的才华,这样的人是无法进行自我评价的。他带着错误的想法进入世界这个大竞技场,准备参与竞争并脱颖而出。想到他的命运只能让人不寒而栗。他就像个孩子,认为自己能走好几公里,可刚走了两百米就累了。

人要认清并接受自己的弱点,即便这很痛苦。我们要诚实,驱走幻想,认识到还有很多东西是自己不知道的，并且珍惜生活给我们的教训，这就是谦卑。谦卑是一种强大的力量。

意大利导演贝纳尔多·贝托鲁奇在电影《末代皇帝》中讲述了中国最后一位皇帝溥仪的真实故事。他自小在华丽的皇宫中长大，被奉若神明、尊为宇宙的中心。他与世隔绝，生活在华丽的宫殿中，孤独而浑然不知。但是社会发生的巨大动荡结束了他的特权。在故事的转折点，当溥仪不得不付钱时，他才被迫意识到自己不是神而是人；他不比别人优越，与别人是平等的。原有的社会结构崩塌了，他无法继续与世隔绝、相信自己是神，并活在虚幻之中。他发现自己和他人并无二致，因此倍感痛苦迷惘。通过使自己变得谦卑，他发现了自我。虽然这个觉悟过程很痛苦，但它并非挫败，而是始料未及的胜利。

如果你知道了自己的局限，就有了再次出发的准备。有句禅语说，在新手的脑子里存在无限可能，而在大师的脑子里仅有那么几个。做个新手要好得多，即便是在我们假定自己是专家的领域。的确，如果我们是专家的话，会想要给人留下良好印象，我们不会去冒险，而是借助于已有的声誉来保护自己，这样会感到很安全。但是我们也就学不到什么东西，因为我们认为自己已经知道了。相反，如果是新手的话，我们就总是愿意去学习，去问些无知甚至愚蠢的问题。

最近的研究显示，如果你想在学习中达到巅峰，谦卑是最好的工具。最谦卑的学生认为自己一无所知，在遇到问题时会多做实验和研究，研究证明他们比那些认为自己已经知道答案的人学习效率更高。这没什么好惊讶的。高估自己已有知识的学生可能无法通过考试，就好比低估对手的运动员会输掉比赛一样。谦卑意味着更加努力地去学习，让自己准备得更充分。

因此谦卑意味着去学习并获得新生。在生活中，我们常常对学习不再抱有开放心态，而更想要安全可预见的计划。与身为学生的谦卑心态相比，我们更喜欢老师拥有的特权。因此我们不再面对现实，而认为所有事情都是理所当然的。我们放弃了提问，不再承认知道的东西可能已经过时，我们的文化装备正在落伍。因为贪图安逸，我们放弃怀疑和调查研究这些累人的活儿。在极端情况下，我们变得行尸走肉。遗憾的是，事情本可以是另外一副模样。西班牙画家戈雅有幅蚀刻版画，画的是个衰老的老人，下面的题字是"我还在学习"。这是最好、最有活力的智力状态，这就是谦卑。

人际关系也是类似的。我们可以得出结论：别人教不了我们什么新东西。又或许，我们可以选择承认别人的经验、感觉和观点，因为他们的梦想和理念都能丰富我们的生活，我们需要做的仅仅是看和听。我们要勇于自问：我能从这个人身上学到什么？我正在学习……

有时很难做到谦卑，甚至会很痛苦，但谦卑总是有益的。在我们最困难的时刻，是谦卑赠予我们厚礼。失败后我们常常会变得卑微，我们知道自己并没有想象中那么聪明或强大。我们认识到自己的人性：易犯错误，易受攻击。如果我们努力不被大大小小的失败打倒，这些失败就会告诉我们什么能做什么不能做。如果事事成功，我们就会遇到麻烦，因为我们已经失去了标准。

当了解自己的优缺点后,我们就不再那么想炫耀自己有多聪明了。与此同时,很多不自信的人似乎老是自己在给自己打广告。他们忙于证明自己有多么优秀,因为对自己不满意,所以必须要比别人强,这成了他们生活的目标。因为忙于竞争,所以他们花在真正重要的事情上的精力就会减少,比如学习、创造、与他人交往,以及敞开胸怀去拥抱充满无限可能的世界。

大量研究显示,越是求胜心切,我们的学习效率就会越发低下,也越不乐于学习、没有创造力,因为竞争的焦虑会分散精力,让我们无法集中于手头的任务。谦卑恰恰相反。谦卑的人不需要为了证明自己的存在而去压倒别人。他非常清楚有些人比自己强,并且接受这个事实。接受这个基本事实会产生重要影响:只要不试图去掩盖真实的自己,就是允许做自己。

以前,有个皇帝派官员去找庄子。庄子独自生活,虽贫寒但自由。皇帝听说庄子非常聪明,所以想请他去朝中做官。只要他答应,皇帝就会赐予他官衔、财富和特权。庄子却回答说:"假设有只海龟,你认为它更喜欢活着在淤泥中打滚,还是死后龟壳被装饰成华丽的珠宝箱?""还是活着更好。"官员们回答。"那好吧,就让我在泥里打滚吧!"

庄子拒绝了角色的沉重锁链。"角色"这个词来自于拉丁语,在古代意为写有演员台词的纸卷。角色在我们身上是预先设定且可以预测的。重要的角色能帮助我们掩盖弱点,并赋予我们虚假的力量。假设我是总统,我就不再是那个与妻子不和、消化不良的人了。假设我是教授,我就能暂时忘记自己的忧愁和悲痛,也能给我的学生留下深刻印象，我能变得重要。

在早期的职业生涯中，我曾有机会见过那些受角色束缚和不受角色束缚的人，两者都很微妙。当时我的老师罗伯特·阿萨吉奥里已经名闻海外，有很多人来拜访他。其中有一波来访者是心理疗法和精神领域的重量级人物。阿萨吉奥里下午会见他们，上午就由我带着他们开小组会议。当时我是个新人，却不得不带领这些知名人士进行一系列的精神综合练习。他们会有什么反应？他们会看到我的弱点吗？他们会耐心地容忍我，还是会用刁钻的问题或尖刻的话语让我难堪？我很焦虑。小组活动进行得很顺利，没有像我担心的那样出错或出现大的失误。然而，我注意到不管他们有多么和蔼可亲、机智幽默，所有的参与者都时刻在扮演自己的角色。他们提的问题和做的陈述都符合大众对其公共角色的预期。小组中只有一个人与众不同——弗吉尼亚·萨提尔，她是美国著名的家庭治疗师。她表现得像个新手，她做练习，讲到自己无意识的反应和想法，完全忘了自己是个经验丰富的专家。我还记得，她的在场让我放松并心怀感激，她在自身所在领域是位知名专家，但却愿意抛开自己的公众形象从头开始。

实际上，我很怀疑"形象"这个词有时用得不对。政客、演员，甚至普通人都在树立自己的形象，这个过程反而表明他们的公共形象与实际形象之间存在差异。你能看到专家故意营造的外在形象：面带微笑、体格健壮、衣冠楚楚、功成名就。但是这样形象的背后是什么呢？我想知道，它的实质是怎样的？是黑暗中一个害怕的小孩，他渴望被爱和被羡慕，也害怕孤独和失败。

如果形象和实质相符的话，我们就拥有了谦卑。然后我们就不会再试图去伪装，而是与我们的错误、缺点和平共处。你想和什么样的人打交道呢？你认为哪种人可能更善良、更好相处？是骄傲的人还是谦卑的人？毫无疑问，试图展示自己多么聪明的人不可能会真正善良。他的善意会是居高临下的。只有谦卑的人才可能是善良的，因为不玩高人一等的游戏，所以他能够享受那种不去压倒别人从而双赢的关系。

阿富汗有个民间故事。有个国王专制而残暴，他用苛刻的税收压榨国内的民众，不管他们的死活。在国王眼中，他们不过是无名小卒。一天，国王在打猎时追逐羚羊，这只羚羊跑得飞快，他迷路了，怎么也走不出去，一直走到了沙漠边缘。他看到那只羚羊忽隐忽现，一会又看到它在远处，最后彻底不见了。

国王很失望，决定返身回去，可他走了太远，不知道回去的路。可怕的沙尘暴刮了三天三夜，漫天风沙包围了他。他漫无目的地走着，直到沙尘暴停息后，沙漠里只有他一个人。他迷路了，又怕又累。他的衣服破成了烂布条子，脸脏得没人能认出来。后来他遇见了几位游牧的牧民。他告诉他们自己是国王，他们大笑，但还是帮助了他，给他食物，给他指路。这位国王历尽千辛万苦终于回到了王宫，但是他自己的卫兵也没有认出他来，不让他进去。卫兵们认为他是个可怜而疯狂的傻瓜。从大门外往里看，国王看到了代替他的新国王：某个神秘的幽灵占据了他的王位，伪装成他的样子，像他那样傲慢而残暴地统治着这个王国。

国王逐渐学会了怎样过穷日子。他做到了，但他是在别人的帮助下做到的。今天有人给他水喝，明天有人给他提供食物、住处或工作。他也很努力，尽己所能去帮助别人。他还救过一个被困在起火的房子里的孩子。还有一次，他把食物给了比他还要饿的人。慢慢地，国王开始懂得他的民众是和他同样的人，在生活中人们必须彼此关心。他明白了，如果我们彼此相爱互助，生活会更美好、更有趣。最后他恍然大悟：那个在位的国王是谦卑女神创造出来的幻影，他该回宫重返王位了。之后，这位国王的统治变得明智而善良，因为他已经上了一堂关于谦卑的无价课。

这位国王的故事告诉我们，谦卑有个基本特点：世上还有其他人存在，并非唯我独尊。任何人都会同意这个道理，但是有多少人能真正做到呢？从孩提时代起，我们就怀有某些从未言明的信念，这些信念说出来以后会显得很奇怪，然而它们很活跃，就好像从未失效的旧程序。我们心中含蓄而非理性的信念就是，我们是与众不同的。这孩提时代残余至今的信念，让我们的行为举止仿佛可以不受普通法律和规则的约束。

谦卑意味着消除这种隐秘的信念。这无异于一次哥白尼式的发现：我们看到自己不再是宇宙的中心。意识到自己没有想象中那么重要，这是件痛苦的事情，但也让人获得解脱。美国总统西奥多·罗斯福过去常常晚上到户外看星星，以此提醒自己宇宙有多么浩瀚。作为大国首领，一旦置身银河系的浩瀚背景下，也会有截然不同的感受。

谦卑是善意的一个必要条件。如果我们内心深处认为自己与众不同，不需要像他人那样服从法律，那我们怎么可能善良呢？我们都见到过有人停车时占据两个车位，即便那里的车位贵如黄金；在拥挤的列车上，有人假装睡觉把腿伸到对面座位上去，而其他乘客却站着；还有人在没人想吸二手烟的地方抽烟。如果你问这些人："别人不存在吗？"他们会困惑地看着你说："存在呀！"可是，他们并没有意识到这个简单事实背后的深远寓意。

人人平等，一样平凡，一样脆弱，一样需要别人，一样是这个不完美世界中不完美的人——接受这个事实会让人感到不快。因此，我们会用各种幻想和希望保护自己，不去接受这个现实。然而只有理解和接受自己的弱点以后，我们才能成为彻底的人：这就是现实，我们真实的处境。只有在这个坚实的基础之上，我们才能够与他人接触。怀着这种想法的人就是谦卑的。和这类人共处，你会感到很开心，因为他们兼具宁静和幽默。只有谦卑的人才能同时拥有二者。谦卑难道不是通往善意的最佳途径吗？

谦卑也隐含在知足常乐的能力中。在我们这个时代，浪费正成为普遍现象，贪婪是一种生活方式，不断要求新的特权俨然成为社会的责任，在这样的背景下，谦卑就更是一种非常珍贵的态度。那些满足于现状的人常被认为是失败者，事实上，他们才最有可能过得平静而快乐。

我记得有天晚上，我在一家中餐馆吃饭，饭后朋友拿出了给我孩子的圣诞礼物。朋友考虑得非常周到，礼物非常精美，其中有个袖珍相机，里面装着胶卷。突然我注意到，有个中国小女孩在看我们。这家餐馆就是小女孩的家人在经营。我不知道她在想什么，但是我感到有点坐立难安，可能她也希望自己能收到这样的礼物。很快大家的谈话吸引了我，又过了片刻，我们离开了餐馆。我站在外面等朋友去取车，这时透过窗户，我看到那个小女孩走到了我们桌子那儿，她在快乐地玩那个装过胶卷的简陋的塑料圆筒。然后她抬起头，和我们的目光接触时，她笑了。

这是关于谦卑的功课。在这个匆匆忙忙的时代，我们常常没有时间去品味生活的馈赠，而总是不断去寻求新的产品和刺激。当拥有再多东西也无法让我们满足时，看到有人几乎一无所有却很快乐，这对我们来说是很大的安慰，也需要我们铭记在心。

总之，因为有了谦卑的态度，我们才有不断学习的可能。谦卑让我们体会到简单朴素，如果我们更简单些，我们也就更真诚。生活中的谦卑让我们能够触摸到真正的现实，再也没有白日梦、幻想或假象。我也是芸芸众生中的一员，能力有限，平凡平淡，和其他人相似。我不必去证明自己优于他人。其他人也存在着，每个人都有自己的需求、现实、希望和故事。在这个星球上，我渺小如微尘，而这个星球也不过是星系中的一粒微尘而已。在广阔无垠的宇宙中，我的生命不过一瞬。

认识并接受这个事实以后，我们会变得与众不同，会更谦卑、更慈悲而幽默、更好地安于现状，并能够礼让他人。谦卑帮助我们在星空之下找到自己的位置。

第 11 章

耐心

你是否落下了自己的灵魂

一队科学家不得不在遥远而偏僻的地方进行研究，许多墨西哥人正在帮他们搬运东西。路上，突然所有的墨西哥人都停了下来。科学家们很吃惊，然后非常生气，最后怒不可遏。为什么他们不走了？他们是在浪费时间。墨西哥人看上去在等什么。然后他们马上又开始走了。其中有个人向科学家们解释刚才是怎么回事："因为我们走得太快，把灵魂落在后面了。我们停下来是在等我们的灵魂。"

在埃塞俄比亚有一男一女，年纪轻轻就都丧了偶，他们相见后坠入情网，决定成家。但是有个问题：这个男人有个年幼的儿子，因为还沉浸在妈妈去世的痛苦之中，这个孩子对爸爸的新妻子满怀敌意，拒绝认她做妈妈。女人给孩子专门准备菜肴，缝制可爱的衣服，总是尽量做到和善可亲，但这个孩子就是不跟她讲话，完全将她拒之门外。

女人去找魔法师，说："我要怎样做，孩子才能把我当妈妈？"这个魔法师很聪明，他能回答人们的所有问题，所以大家都信任他。"带三根狮子胡须来见我。"他告诉她。这个女人觉得难以置信，谁能从狮子嘴边拔三根胡须呢？可是魔法师很坚持:"带三根狮子胡须来见我!"

于是女人去找狮子。她找了很久,终于找到一头狮子。她不敢走近,狮子看上去太吓人了。她从远处观察了狮子好长时间,狮子来来去去。她等啊等啊,然后决定喂狮子食物。她稍稍靠近一点,给狮子留下肉块以后就离开了。每天她都这样做,狮子慢慢适应了她的存在,终于让她融入了它的生活之中。狮子和女人相处得很平静,现在它知道这个女人只会给它吃的,女人也不再那么害怕了。一天,趁狮子在睡觉,她轻而易举就拔下了三根胡须。

这个女人不需要再回到魔法师那里,因为她已经明白了。在这几个月里,她变了。她明白了耐心的价值。她对待孩子应该和对待狮子那样有耐心。她真心诚意地等待,慢慢地接近孩子,尊重他的节奏和边界,不入侵但也不放弃。最终,孩子接受了她。这个女人用耐心赢得了孩子的心。

耐心的优点首先体现在对付难缠的人身上:那些听不进道理的人、很容易生气的人,以及不肯好好相处的人。就和故事里的孩子一样,内心深处的创伤让他们无法跟别人产生连接,因为他们无法敞开心怀,也毫无理智可言。

然后我们也会遇到一些让人讨厌的人。说实话,在日常生活中我们注定会遇到这种人:他们会不停打断我们的话,为了批评而批评我们,坚持占用我们的时间、注意力或金钱,牢骚不断,暗中捣乱,还有的人只要跟我们讲话就停不下来,即便知道我们很忙,等等。事情都是相对的,很多时候我们虽然是受害者,但某种程度上也是加害者。我们都遇到过麻烦的人，也都以某种方式给别人添过麻烦，只是我们可能没有意识到。

但有些人是个中好手，他们让别人不知如何是好的本事无人可及。遇到这些人时，我们的反应是义愤填膺，我们要么发火，要么默不作声地忍受。但我们也可以耐心对待，帮助他们觉得好受点。

我曾经在飞机上见证了这样的情形。先不说别的，对很多人而言，飞机机舱是个特别让人恼火的地方。挤在这样嘈杂而又摇摇晃晃的地方，还得和许多人待好几个小时，太让人难以忍受了。如果你的邻座还是个讨厌的家伙会怎样？那一回，坐在我后面的人明显酒喝多了，他喝得越多，声音就越大，行为就越放肆。不久，他的餐盘掉到了地上，薯条、蘑菇和通心粉滚到了过道上。接着他突然把我吓了一大跳，因为他用盒子把大蛤蟆带上了飞机（我也不知道他是怎么通过安检的）。乘务员很快过来了，她们没有责备他（我暗地里希望她们会这样做），而是开始跟他讲话，开玩笑，让他又喝了少许酒，夸赞那只癞蛤蟆。她们还毫无怨言地清理了那堆乱七八糟的东西。这个醉鬼安静了下来，很快睡着了。

测试我们耐心的最高标准就是：不得不对付令人难以忍受的人。那些乘务员能得满分。在我看来，有效的对策不是对可气的事情做出反应，而是运用技巧和善良待人。受到这样的对待，讨厌的人会不大适应，因为通常情况下，他们不是被人嫌弃，就是遭人抗议。而如果你不断地用白眼回应，会怎样呢？他们最终会回归到惹人讨厌的角色。我们的反应其实都不知不觉地强化了他们的角色。不管你信不信，他们往往都是不幸的人，拼命想让他人接受自己，只是表达得比较笨拙罢了。

要想理解并尊重自己和他人的节奏,同样也需要耐心。我们都曾是不耐烦的受害者:截止日期临近的压力;高速路上闪着头灯突然出现在我们后视镜里的霸道司机;公交车上推开每个人抢先下车的乘客,即便他很清楚我们都要下车……所有这些情景都会让我们感到不舒服。如果有人把不属于我们的节奏强加于我们,我们会感觉受到了冒犯。

而我们也曾是缺乏耐心的人。我们要打紧急电话时,电话亭里的人却漠然地继续聊天;我们饥肠辘辘地坐在餐厅里,等那位讨厌的服务员注意到我们;在邮局,某个健谈的妇女问了一大堆没有意义的问题,浪费了所有人的时间。

我深信,如果拥有耐心的话,我们就能深刻地理解其他人的生活。我们理解他们的节奏和弱点,因此熟知他们的本性。同样,耐心也是所有好老师的优点,他们知道怎样等待学生慢慢成熟,而不是在他们还没准备好时就施以压力。

如果匆匆忙忙,我们可能会迷失自己。可我们太习惯这种匆忙,以至于我们注意不到这个问题。一队科学家不得不在遥远而偏僻的地方进行研究,许多墨西哥人正在帮他们搬运东西。路上,突然所有的墨西哥人都停了下来。科学家们很吃惊,然后非常生气,最后怒不可遏。为什么他们不走了?他们是在浪费时间。墨西哥人看上去在等什么。然后他们马上又开始走了。其中有个人向科学家们解释刚才是怎么回事:"因为我们走得太快,把灵魂落在后面了。我们停下来是在等我们的灵魂。"

我们也常常把灵魂落在后面。我们忙于紧急的事情，忘记了生活中什么是真正重要的。匆忙这个魔鬼推着我们，以至于我们忘记了自己的灵魂——我们的梦想、温暖和奇迹。

从这个角度来看，毫无疑问，善意也应包括耐心。如果我们不尊重他人的节奏，我们又怎么能做到善良呢？我们忘记了灵魂——他们的和我们的。下次，在你催促孩子时，来回踱步等待迟到的火车时，或者忙得忘了呼吸时，不妨问问自己：我把灵魂丢到哪儿了？

善意的步履是缓慢的。当然，匆忙有它的优势，我们因此更有效率，可以产生力量感和控制感。不仅如此，速度还会刺激肾上腺素，就像毒品似的。尝过它带来的刺激以后，再慢下来就容易让人生厌，甚至感到羞辱。如果你能坐飞机从 A 地到 B 地，那为什么要坐船呢？

但是一位藏传佛教学者曾告诉我，他很喜欢坐船慢慢到达目的地。这位年老的圣者偷偷告诉我，他和妻子都感觉坐飞机太不真实了。你突然从这个地方被带到了其他地方，从这种文化氛围中被带到了其他文化氛围中。底下的一切，河流、海洋、山脉、城市、国家还有人群迅速掠过，你甚至很难体会到它的丰富。而若是在陆地或海上慢慢前进时，你更容易感受和吸收所有的变化。他用了 5 个月的时间才从自己喜马拉雅山脚下的家到达托斯卡纳山。后来，当我在飞机上辗转难眠时，当我迅速抵达遥远的异国他乡时，我常常想到这位佛教学者。也许我们无法做到像他那样，但他提醒了我们：

还有别的方式可选。

为了善良，我们必须腾出时间。哲学家马丁·布伯曾谈及"我—你"和"我—它"这两种关系之间的区别。"我—它"关系把他人物化为对象，而"我—你"关系是真正的关系，是两个灵魂之间的结合。"我—它"关系让人疏远，让我们变得不再是我们自己。因此我们会感到孤独和郁闷，感到自己远离众人。"我—你"是真正的相遇，是我们生命的本质。布伯认为，为了实现这种关系，必须没有任何期待或欲望，否则就会掉进"我—它"关系之中，也就是说，我们会把他人变成满足自己要求的手段。在实现"我—你"关系的短暂时刻，我们不再急于让某事发生，也没有压力去操纵或说服他人。一旦出现紧急事务，这种关系马上就会变成"我—它"关系。如果我们慢下来，就更有可能与他人坦诚相见、真正遇合。

我相信，全球冷化现象与现代生活的方方面面都在加速有密切的关联。我们压力重重，连一秒钟都浪费不起：孩子们要快速成长，如果他们能提前学完下个学年的课程的话，我们会感到骄傲；计算机越来越快，越来越强大；购物行为瞬间即可完成，我们几乎能立刻拿到自己想要的东西；员工不得不对自己的每分钟负责；汽车跑得越来越快，限速也不断提升；为了增加利润，新型消费品以前所未有的速度更新上市；无意义的活动，例如聊天、在广场或公园会面，和他人闲逛，这些往往都会令人泄气。如果这一切正在发生，留给温暖的空间不可避免会越来越小。

罗伯特·莱文是一位专门研究生活节奏的学者，长久以来他的研究领域是不同文化对时间的认知。莱文测量了三个不同的变量：在邮局购买邮票的时间、街头行人走路的速度、银行里钟表的准确度。这样他发现，有些文化速度较快，守时和精确会得到奖励，而有的文化速度较慢，也不那么精确。西方社会和日本是最快的，巴西、印度尼西亚和墨西哥是最慢的。莱文的研究当然不是声称不同文化看待时间的方式有优劣之分，文化就是文化。但是，这项研究显示，高速运转的生活确实呈现出其缺点，在生活节奏快的文化中，心血管疾病更普遍（日本除外，日本的社会支持和凝聚力弥补了时间带来的压力）。这项研究结果与关于 A 型人格的多项研究相符：A 型人格的人（缺乏耐心、求胜心切、急躁易怒）也面临同样的风险。

莱文没有发现生活节奏和乐于助人之间有关联，因为二者的决定因素是不同的。但是其他研究发现，我们越匆忙，就越不愿意帮助别人。我最喜欢下面这个实验。研究人员安排一群神学院学生先听关于行善的演讲，然后逐个走到附近的大楼去。在路上，他们遇到一个由研究人员假扮的人。这个人躺在地板上，假装摔倒受伤了。大部分人会帮助他，但如果他们被迫匆忙从这栋楼去到另一栋大楼的话，愿意伸出援手的人就少了很多。有个学生甚至匆忙之中踩到了这位正在哭泣的假扮人员，却未作停留，径直奔目的地而去。是的，如果我们拥有的时间越多，我们会越善良。

在我们这个生活节奏加快、人们追求即时满足的时代，耐心这样的品质并不受欢迎，而且显得单调乏味。然而，很多研究已经证明，能够将满足延缓的人在事业和人际关系上更容易成功。愿意将当前的满足（例如立刻吃一个冰激凌球）延迟到稍后以赢取更大的奖赏（明天吃一个更大的冰激凌球）的孩子不仅表现得更聪明，少年违法概率更低，在社交关系上也更游刃有余。他们还有一种比较成熟的内控能力，也就是说，他们相信自己能掌控自己的生活，而不是全然受偶发事件的支配，因而不会经常有无能为力、没有发言权等令人沮丧的感受。

即时满足是当今社会生活最明显的特征。我们不想等，马上就要。如果不能立即拥有，我们会变得充满攻击性。在没有耐心的时代，我们已经失去了等待这门艺术。我相信，重拾这门艺术并将它传给孩子们，是我们能送给他们的最好的礼物。

冥想是培养耐心的最佳方式。通过冥想，我们可以学习放慢节奏、接纳对时间的不同认知，也可以帮助战胜不耐烦，消除匆忙。藏传佛教传统中有个冥想练习，要求弟子将500个小瓶子逐个用水装满，要有耐心，不能着急。这个练习的重点是：当我在装这瓶水时，不去想还有499个空瓶需要装满。

在这个时代，我们变得越来越没有耐心，注意力永远都不集中，所以对我们所有人来说，这都是非常好的练习，也可以在学校里教给孩子们。

耐心并没有我们想象的那么沉重无趣，它不过是对时间的不同看法而已。时间在吞噬我们的生命，剥夺所有的意义，它是不可逆转的；时间是我们的身体，它不断变老，逐渐丧失力量；时间就是悬在那里的达摩克利斯之剑，它高挂在那里，威胁着我们的生活，把我们的作品化为尘土，让我们被永久遗忘。因此我们尽量不去想它，但必须要在被永久尘封之前尽可能迅速地多做些事情。多么残酷的笑话。从这个角度来看，如果排队的时候在我们前面的人和工作人员闲聊，我们的定时炸弹就会不停地嘀嗒作响，让我们本能地大为光火。

如果我们换个方式来看待这种窘境呢？可能我们会发现，时间是大脑构想出来的事物。我们不需要害怕，也不需要匆匆忙忙，因为我们并没有失去什么。说不定我们的心境会平和些，再看到那些夺取我们时间的大小强盗时，就会宽容以待。

时间是一种幻觉，这个观念在所有伟大的精神传统中都以各种方式表达过。可能这个观念不是文明人的专利，而是比我们想象中更为普遍的人生体验。不管怎样，我们所有的人都对永恒有着模糊的概念。看着夜空的星星，沉浸在庄严的音乐之中，或者和心爱的人相处时，我们会忘记时间的流逝。

有一则印度神话，说一个人请求牧牛神黑天让他看到幻境。牧牛神似乎没有满足他的要求，但从那时起，他本来平静如水的生活变得越来越有生机，充满了戏剧性。他遇到一个女人并爱上了她，他们结了婚、盖了房子、共同劳作、变得富有。但后来他破产了，又发生了可怕的洪灾，就在这可怕的灾难要夺走他的生命时，他仿佛从梦中醒来。神圣的黑天神站在面前冲他微笑说，刚才这一切全发生在刹那之间。充满美梦与噩梦的一生，不过是转眼一瞬。

时间之流是充满魔力的幻觉。圣人拉玛那·马哈希死前肯定也有类似的想法。他临终前听到门徒们的悲痛之声，很吃惊地问："你们以为我要去哪里？"如果你本置身永恒之中，也就无须匆忙赶往他处。

这些可能看上去和耐心没有关系。然而，耐心不过是一种帮助我们毫无恐惧地面对时间的无尽长河的能力。要在一成不变的日常生活之中，去察觉永恒的神奇之光。在内心深处我们发现，匆忙的根源是对死亡的恐惧。如果我们不需要抢先实现目标，不需要去做更多事情，不需要去赚更多钱，那么其他人就不会再是我们处理紧急事务的绊脚石。我们会将他们看作活生生的个体，并知道在这个世界上，我们拥有充裕的时间。

第 *12* 章

慷慨

重新定义边界

慷慨地付出会促使很多人纷纷效法，但问题是，你的付出属于哪一种？是出于习惯、内疚和社会压力而付出？还是为了减税、炫耀或标榜自我？在表达慷慨时，智慧也很重要。有时，我们的付出可能会造成伤害或破坏，比如把啤酒端给酒鬼，或将摩托车交给鲁莽的人，都可能有致命的危险。

一个秋日午后，我在回家的路上遇到了暴风雨，幸运的是当时我在车里。我看到倾盆大雨中有个女孩请求搭车，便让她上车。问她去哪儿，才发现她要去的地方离我住的地方很远，但我不能把她丢在大雨中，所以我开车送她回了家。我觉得自己很慷慨，但当我把她放下、再次转动车钥匙时，却发现车无法启动了。大雨毁坏了发动机。于是我只能把车丢在那儿，冒雨回家了。

第二天，我不得不去把车弄回来。到了却发现我的车堵住了路，肯定有人为此很生气，因为那人在车的轮胎上划了一刀。我又花了很长时间修车，因为机修工像往常一样很忙。好像这还不够糟糕似的，我后来发现在那段时间里，有人给我打电话推荐一份很重要的工作，但因为我没能及时做出回应，所以失去了这个机会。

这个每天都会发生的可怕故事说明，慷慨最终要付出代价。虽然我为他人提供帮助，但结果可能会对我不利，我可能会错过某个机会。事后想想，说不定我自私一点会更好，那个女孩被雨淋湿又怎样呢？至少我不用忙碌整个上午，不仅损失了时间和钱，还错过了工作上的好机会。

但是这种想法忽略了以下事实：对施予者而言，慷慨的真正好处不是物质上的回报，而是内心深处的变化。我们变得更柔软，更愿意冒险；我们对物质的占有欲会越来越弱，接触的人却越来越多；我们和他人之间的界限变得没那么明显了，所以我们感到自己融入了某个整体之中，在这个整体中，我们可以分享资源、情感，还有自己。

当然，慷慨是有风险的，因为你在越过某条界线而且无法折身而返。我记得我的教子詹森四岁大的时候给了我一辆玩具车作礼物。虽然我知道这对他来说很珍贵，但还是接过来放进了口袋。刚开始还很正常，但很快詹森就意识到送礼物就意味着永远送出去了，他再也看不到自己的玩具车了。有那么一会儿，他很恐慌，想把车要回去。他的恐慌是那种失去某个特别珍贵的东西、没有它生活就会变样了的恐慌。我自然想把玩具车还给他。但他的恐慌马上就结束了，他决定我可以保留这个礼物。他正在学习：给予是在实现诺言，是不可撤销的。一旦你跃过了那一点，就回不去了。

我们付出的东西有多重要，视具体情况而定。我们可以献出自己少许的时间、捐出小笔钱款或我们读过的书，我们也可以捐血、捐骨髓，或是重大心力、大半积蓄。不管我们付出什么，都有个基本的前提：在付出的那个瞬间，把自己完全交付出去。不情愿、冷冰冰或三心二意的慷慨是矛盾的。如果你足够慷慨，就不会吝惜自己。

慷慨会触动我们心灵的最深处。无论何时，只要我们不得不面对财物资产的问题，我们就会变得敏感。古老的焦虑感会弥漫我们的潜意识，这是数千年来的匮乏、不安全和饥饿造成的。在内心深处，我们会觊觎自己的财产，更害怕失去。把我们最珍贵或是对我们有用的东西送人，为什么会那么难呢？这不仅是因为我们知道会失去它，更因为害怕这种损失无法挽回。某种程度上就像我们正在失去自我，那种感觉无异于死亡。

慷慨意味着要克服这些古老的恐惧，还意味着要重新定义我们的边界。对慷慨的人而言，边界是可渗透的。你的也是我的，包括你的痛苦和问题，这是同情。我的也是你的，包括我的财产、身体、知识和能力、时间和资源、精力，这是慷慨。

如果我们克服潜意识中那些古老的恐惧，重新定义边界，我们就会发生深远的变化。但毋庸置疑的是，即便是这个世界上最轻松、最快乐的人，在内心最深处依然会依恋自己的财产。那些情绪上的肌肉一直紧绷着，那些拥有或自认为拥有的东西，我们都攥得紧紧地：爱人或孩子、社会职位、物品、安全感。我们之所以紧抓不放是出于恐惧和自负，就像佛教寓言中在沙上搭建城堡的孩子。每个孩子都有自己的城堡、专属领域，都觉得自己的城堡很重要："这是我的！""不，是我的！"他们甚至可能会打起来，争个你死我活。然后夜幕降临，孩子们纷纷回到家，忘记自己的城堡，睡着了。与此同时，涨起的潮水抹去了他们的所有作品。也许，我们最珍视的财产就像那沙上建筑的城堡。我们真的要把自己看得那么重要吗？慷慨让我们放松对财产的攫取意识，学会放手。

不过，我们的占有欲并非总是如此强烈。人类学家告诉我们，不同文化中的财产制度是有差异的，例如旧石器时期的财产制度就和现代的完全不同。而像我们祖先那样仍靠打猎和采集果实为生的游牧民族的社会结构也和我们大相径庭。比起我们，他们的财产要少得多，生产少得多，可分享却多得多。我很好奇如果我们身在那样的社会将是什么模样呢？可能会像一幅讽刺漫画：我们紧抱着自己的财产不撒手，每天还一边清点，一边想要更多，甚至觊觎别人的财产。

这是一个悖论。我们的祖先曾披着兽皮，挨寒受冻，在危险中求生存，集结成小群体相互取暖，还要面临食肉动物群的虎视眈眈。在这样的情境下，人类反而比较慷慨、互相帮助。而如今，在温度适宜、类似有催眠效果的超市里，银行账户安全无虞、丰衣足食但无名无姓、面目模糊的消费者接受着数以千计的商品的刺激，它们都在说"摸我！拿起我！买我！"在这种情境下，我们却没那么慷慨了。

我们认为慷慨是内心不由自主的冲动，没有什么比自发地付出更高贵和美好的了。慷慨地付出会促使很多人纷纷效法，但问题是，你的付出属于哪一种？是出于习惯、内疚和社会压力而付出？还是为了减税、炫耀或标榜自我？

在表达慷慨时，智慧也很重要。有时，我们的付出可能会造成伤害或破坏，比如把啤酒端给酒鬼，或将摩托车交给鲁莽的人，都可能有致命的危险。

我们送出的礼物当中也可能附带有意识形态、命令意味或价值判断，比如给无神论者祈祷书、给胖人健身卡、给有体臭的人除臭剂，这些都不是慷慨的正确做法，而是伪装成礼物的评判或压力。送礼的人可能会反对说，他仅仅是希望接收者幸福、安全或变得更好。也许送礼的动机是真诚的，但整个过程完全出于送礼者的价值判断。接收者会怎样看待这份礼物呢？可能会感到不舒服，因为除了要忍受压力之外，他甚至还得谢谢你。这种赠予没有自由，没有真心，只有控制。

赠予的行为也可能以其他方式让人感到尴尬，比如赠予可以用来表现优越感和道德高尚：看我多慷慨。送礼也可能带有很微妙的意图，比如让人产生依赖或负债感：我送你这份礼物，以后开口让你帮忙就容易了。同样的，赠予的时候也可能有真心但无头脑，不缺热情，可礼物却累赘无用。如果给住在小公寓的人送一条大狗，又或者让摇滚乐爱好者去听贝多芬的交响乐，他会做何感想呢？很多礼物既不恰当，也容易得罪人。

然而，我们每个人都拥有一些即便不是至关重要、但别人一定会感兴趣的东西：金钱、时间、必要的资源例如水或食物、注意力、表现出尊重的能力，等等。我们是否愿意分享这些呢？我们的生活就是这样，我们想要他人拥有的东西，而我们拥有的又是他人想要的，就好比玩纸牌，每个玩家手里都有一些别的玩家需要的牌。

真正的慷慨需要建立在了解他人的前提下。送别人东西，最好是送他日后生活真正需要的东西，可能是用于生存，也可能是引导学习、培养兴趣、治疗疾病、谋求生计或发挥天分。只有不是出于内疚感、罪过、炫耀，或想让他人依赖自己，给予才是真正的赠予。这是真正免费的礼物，反过来它会产生自由。这是善良的最佳状态。

你的慷慨不仅可以表现在物质方面，也可以表现在精神品质上。首先，你可以对自己很慷慨，这种慷慨的形式很微妙。每个人都拥有自己都没意识到的资源，比如想法、形象、经验和记忆。有时，我们太容易插足别人的事了——提建议、公开发表观点，但往往没有透露内心深处的东西。我们把这些经历留给自己，只向他人传递轻松的部分。然而，只有分享内在体验和最丰富的那个自我，我们才能与他人建立丰富而幸福的人际关系。和他人的交流程度决定了我们的人际关系。

不久前，一家澳大利亚电台采访了我。我遇到过各种采访，有的匆匆忙忙、漫不经心，问的问题都不相干，有的为了自己的目的而操纵对话。但这个采访者不同，她直达问题的关键。根据她的问题，我逐渐意识到她对我的工作和作品都很了解。她一点点深入，问的问题越来越私密，涉及我的内心体验、灵感，以及对我来说最珍贵的东西。这次采访我非常满意，因为我感觉献出了最好的自己。结束的时候我的状态非常好，就好比进行了一次非常成功的冥想或上了一堂心理治疗课。

几周后采访播出了，我的一些朋友正好开车时听到了。他们在路上猝不及防地听到我在讲许多私密的话题，而且我的声音因充满感情而颤抖。朋友们都很吃惊，不是因为突然间听到我的声音，而是我在采访中表现出来的样子和他们平时见到的差异太大。通常我不愿意表达感情，除非有人给我施压，而且还会尽力控制自己。我从来都不健谈。但在那个瞬间，朋友们听到的完全不是他们认识的我，而且这个人可爱得多，他们觉得：为什么不展示你的这一面？

是啊，为什么呢？因为我不知道自己竟然如此有趣，还因为懒惰和虚伪的谦虚。我一向吝于展示自己，我不知道自己内心深处和每个人一样藏着很多宝贵的东西。这些宝物都很重要，会激发我内心深处的感情，它们既重要又美好，不仅对我（不管多么才华横溢或平庸无奇）而言是这样，对任何人也是如此。没有谁的生命是陈腐平庸的，每个人都很有趣，都有值得讲述的故事，即使我们意识不到。我们都拥有故事、情感、想法和梦想，这些不仅对我们自己而言是有趣的，还能滋养其他人——这就是慷慨。

我们也可以付出自己的想法和注意力，这是精神上的慷慨。在写第一本书时，我理所当然地认为某些有声望的人会抽时间读我的书稿，并能提供观点，然后我可以在书的封皮上加以引用。等我知名度高了，再面临同样的请求时，我才知道这个工作需要付出时间和心智，而这两样东西都是我们缺乏的。然后我想起了别人帮过我类似的忙，当时我认为那不过是礼貌，现在我知道那是慷慨。我们的头脑能完成各种任务：建议、检查、反思、纠正错误、出好点子、提供不为人知却很有用的信息，但我们是否能足够慷慨而不辞劳苦地做这些呢？

我们还可以试想各种可能的情形。想象你在为公司招聘员工，一个有前科的人前来应聘，可能他刚出狱，想开始新生活，但谁能说得准他会不会再次偷窃和撒谎呢？你愿意给他机会吗？这也是慷慨，因为你冒着风险提供了拯救他的机会。即便我们没和进过监狱的人打交道，我们也常拿一个人的过去行为来评判他。然而，我们可以给他机会，相信这次会有所不同。这就是精神上的慷慨。

我们也可以在工作上慷慨。我们可以仅仅完成工作，不做分外的事，就好像学生满足于考试及格而不会额外付出努力。又或许我们可以付出更多。我曾经看到这样一幕，杂货店里有个顾客在买鸡蛋，店里的收银员会打开鸡蛋盒仔细检查有没有碎的。没有人要求她这样做，她却这样做了，这让我很感动。在休假日为你修车的技工、东西缺货但是告诉你去哪里可以买到的店主、没人要求但愿意花时间为你义务辅导功课的老师、不只开药还详细给你解释问题的医生……这些人做的事情都超出了自己的工作职责，他们都是慷慨的。

谈论慷慨的益处可能显得有些冒昧，因为慷慨的本质就是公正无私。既然慷慨本身就是完美的目的，我们为什么还要谈回报呢？这是为了更充分了解这个主题。我们有必要知道，慷慨和自尊是息息相关的。那些高自尊的人往往会比较慷慨，反之亦然：慷慨可以让他们获得自尊。例如，一项针对参与危险的生物医学试验的志愿者的研究显示，受试者的自尊得到了提升，而且保持了20年之久。采访者在对52名骨髓捐献者的电话采访中发现，捐献者在捐献过程中认为自己透露出了非常重要的个性特质，因此他们的自尊得到了提升。

我们也知道，比较幸福的人往往更加慷慨。如果我们感到心满意足的话，我们就有可能善待他人。例如某个著名试验显示，无意中在电话亭捡到钱的受试者，更有可能去帮助别人捡起刚掉的一沓纸；心满意足的人更容易感觉到慷慨，也更易于帮助身处困境的人。

反之亦然，如果你很慷慨，那你更有可能快乐。因为慷慨可以改善我们的心情。在加尔各答，有人问特蕾莎修女那些乐善好施的助手们为什么总是充满了喜悦之情，特蕾莎修女对他说："没有什么比帮助苦难的人更让人快乐了。"

再看看几个虚假慷慨的例子，也许我们就能更好地理解慷慨。想想在各种商业促销活动中许诺给顾客的礼物吧："积分可以免费送一个碗！"每个人都努力收集那些小小的图标，然后贴到正确的卡片上，等着可以免费换到碗的那天。碗可能很难看，或者他们已经有这样的碗了，但这并不重要，重要的是免费。好像没有比这更好的事情可做了，他们耐心而热情地收集积分，等着那个伟大日子的到来。这完全是虚假的慷慨。我们都知道这是精心设计的商业手段，是为了引起我们的关注，赚到我们的钱。然而这个幽灵、一个仅仅貌似慷慨的冒牌货，却让我们着迷、欲罢不能。

多么令人悲哀啊！我们总是期望得到些什么，即便这份给予不是出于真心，也毫无任何慷慨可言，却仍然诱惑着我们。但奇妙的是，这种特质已经融入了我们的生理结构和血液之中。慷慨潜伏于我们每个人的心底，非常珍贵，也触手可及。

我们还知道，穷人捐赠财产的比例比富人要高，这是无可争议的事实。也许正是穷苦让他们与某些重要的价值观联系得更密切，有助于他们理解匮乏所带来的窘境，又或许是因为匮乏的痛苦能让人的同情心长存不灭，我们不知道具体原因，也许以上都是穷人更愿意捐赠慈善事业的原因。

可怕的"9·11"事件发生时，很快就传遍了整个世界，但有些人知道得要稍晚一点。肯尼亚南部有个部落，这个远离西方科技的地方的人们七八个月以后才知道这件事情。我不知道这些最不了解外界动态的人是如何想象和理解这个灾难的，但他们意识到：悲剧发生了。他们穿上五颜六色的衣服，举行了庄严的集会，并决定把他们最宝贵的财产——16头奶牛——捐给身处困境的纽约人。这些人尝过挨饿的滋味，所以现在准备献出自己的食物，只为了表明他们会与素未谋面的人类同胞同舟共济。

慷慨就是献出自己最宝贵的东西，它可以改变我们。施行慷慨之后，我们可能会更穷，但我们会感到更富有；我们的安全感可能会减少，但我们会更自由；我们会为这个世界平添一份善意。

第 *13* 章

尊重

观察和倾听

尊重意味着给予他人应有的空间。不过我们经常做不到这点。首先，我们爱下论断。我们心怀偏见，仓促地论断是非并迅速得出结论。即使未说一句话，我们也会对面前的这个人形成看法：他很可爱，但内心深处自以为是；她看起来很善良，但不诚实，等等。下判断不需要付出任何代价，它快速而简单，让我们在被评判者面前拥有虚假的优越感。

我们都知道被人轻视是什么滋味，似乎自己成了另一个人。在别人眼中，我们很糟糕，毫无出众之处。他们不能体会到我们的好，偏要把不是我们的错推到我们头上。这种经历令人不快，也让人不安和怨愤难平，但这种事司空见惯。这纯粹是因为人们懒散成性，谁肯花时间来真正了解我们呢？这种人屈指可数，因为这是件很艰难的事情，非常艰难。而使用某种心理速记法把认识的人进行分类则要容易得多，把那些捉摸不定的、不熟悉的东西都抛到脑后吧，因为要感知它们太费工夫了。

更糟糕的是，别人可能会对我们熟视无睹，仿佛我们是隐形人。似乎没有我们，生活也能照常运行。人们互相交谈，继续从事他们惯常的活动：开玩笑、大笑、吃饭、想入非非、玩填字游戏……仿佛我们并不存在。在商店或办公室里，这种现象很正常，但在家里或与朋友相处时，它就有些令人担忧了。如果始终都是这样，那就很悲惨了。

现在让我们来想想相反的情况，当然，这种情况更罕见。有人煞费苦心地想要了解我们，心平气和地接纳我们，他认为我们真实而独特。我们不再是隐形人，也不会觉得刻板无趣，相反，我们获得了关注和欣赏。我们感受到自己的价值，这不仅是因为我们能回应他人的需求，更因为我们的存在本身。他们并没有对我们怀着轻蔑和错误的看法，而是接纳我们真实的自我，并了解我们的潜力，这是多大的欣慰！他们注意到我们，看到我们的价值，也看到了我们的存在。

这就是尊重（respect）。这个单词来自拉丁文 respicere，意为回顾、注意、考虑。就像耐心一样，尊重似乎也是陈腐而老派的品德。然而，如果我们稍加思考就会发现它包含着各种可能性。我们对别人的看法不总是不偏不倚的，因为我们会扭曲所观察到的信息。我们不像银行和其他公共场所的摄像机那样，采取客观的匿名方式记录所有内容。在观察一样东西时，我们赋予了它生命。我们的关注为它带来了活力，而缺乏关注则让活力消失。人类学中有种现象叫"沉默对待"，它是一种排斥，意味着对受害者熟视无睹，仿佛他不存在。大家不会倾听他的心声，不想了解他，甚至根本不承认他的存在。即便没有人对他指指点点，或以任何方式限制他的自由，但这依然是很可怕的惩罚。在我们的社会中，集体绝不会故意对某个人沉默待之，但即便程度很轻微，也会给个人带来灾难性后果：不安全感、抑郁、自尊尽失。

其实，要理解他人，真正理解他人，你只需要片刻的时间。我想起了儿子学校里的助理老师。她每天早上都会在门口迎接孩子们，一一叫出他们的名字："你好，乔纳森。你好，柯西莫。你好，索菲亚。你好，艾琳。"她不会忘记任何人。我想，如果当孩子进门时没有人注意到他，会怎么样呢？他会觉得自己在人群中平淡无奇，觉得自己微不足道、毫无价值。事实上，当他走进校门，他真正需要的只是有人叫出他的名字。这就像是在说："嗨，你在这里很重要、很宝贵。"

南非的纳塔尔人在见面时会叫出对方的名字，互祝生活愉快，不过他们不说"你好"，他们会说"原来你在这里"，对方回答"是，我在这里"。他们真正看到了彼此。

如果别人愿意看见我的真正面目，我会感到被尊重。但我的真面目究竟是什么呢？是在日常生活中别人所看到的那个样子吗？那只是我的某个侧面，我的表面形象。如果我是个真诚、没有心机的人，别人会看到大半个我，但并不是全部。那么，我到底是谁？那些秘密世界、梦想、很少显露的脆弱、不为外人道的奇思异想，难道就是我？答案越来越接近了，但还有点距离。难道我只是潜意识里的一个连自己都不认识的影子？或许是的，但还不够。谁喜欢被视为一个连自己都不认识的人呢？或许，我们不妨试着这样说，那个想要被他人欣赏和记住的我，才是真正的我，我身上那些最好的、独特、善良、坚强的品质才是我。也许这些品质很少显露出来，也许从未显露但未来仍有展现的可能。当然，日常生活中的我和那些情绪（愤怒、欲望、希望、痛苦）也是真实的，是我最基本、最具体的特征。可最重要的是，那个尚待成为或只有在最佳状态才会昙花一现的我也是我。

如果这部分的我被忽视了，我会受伤。作家兼康科德研究所的创始人托马斯·约曼斯曾谈过"灵魂伤口"：如果在我们童年时别人看不到我们本来的样子，我们就会形成这种创伤。我们的灵魂原本潜力无限，充满奇妙的爱、智慧和创造力，却被认为是乖张任性、是个讨厌鬼，或者只是个可爱的展示品，甚至根本就不被理解。如果没有人认识真正的我们，我们就会受到伤害，这种伤害会伴随我们进入成年期。为了被别人接纳，我们会切断与自身真实灵魂之间的联系，远离那些对我们真正重要的东西。我们会有意或无意地迎合他人的愿望，变成他们喜欢的样子。或者恰恰相反，出于痛苦，我们将与他们对抗。那些深深的伤口将在遥远的某个地方若隐若现，提醒着我们：我们已经失去那个原本的自我。因此，我们只是活着而已，并没有真正地在生活。

观察别人是一项主观的创造性行为。说它主观，是因为它会随着我们当时的感受或想法、过去的经历以及未来的希望而发生变化。而它的创造性在于，它不会让我们始终保持原样，而是会影响并改变我们。

有个中东故事，讲一个男人总是被家里人欺负。妻子对他发号施令，折磨他，孩子也取笑他。他觉得自己是个受害者，心想是时候该离家出走、去寻找天堂了。他走了很久，终于遇到一位年老的圣人。这位圣人详细指引他到达天堂的路，他说："你必须走很久很久，但终会到达。"那人随后就出发了。他白天走路，晚上筋疲力尽时停下，在旅馆过夜。由于他一向是个一板一眼、按部就班的人，所以他决定每晚睡觉前将鞋子朝天堂的方向放着，以确保第二天早上醒来时不会迷路。但是一天夜里，有个淘气的小恶魔趁他睡熟，偷偷溜进来，将鞋子掉转了方向。

隔天早上，这个男人醒来后就出发了。但这次他的方向与之前相反，相当于是朝起点走去。他走着走着，风景变得越来越熟悉，终于他走到了自己曾居住多年的小镇，但他认为这就是天堂："天堂多么像我的家乡！"因为认定它是天堂，所以他觉得很开心，非常喜欢这个地方。他又看到了自己的老房子："它多么像我的老房子！"但因为是在天堂，他觉得房子非常可爱。他的妻子和孩子们出来问候他，"他们看起来多像我的妻子和孩子！天堂里的一切都跟以前一样！"然而，因为它是天堂，所以每件事物都显得那么美好。妻子令人愉快，孩子不同凡响，这些都是他平日里不曾发现的。他想："奇怪，天堂里的一切都酷似我以前的生活，但又都完全不同！"

我们可以在大脑里做相同的实验。选择一个我们非常熟悉的人，然后列出她所有的品质，不仅是依据我们对这个人的了解而发现的那些最明显的品质，还包括那些潜在的、几乎不曾意识到的品质。通过这种方式，也许我们能够直觉地感受到这个人最深、最美的灵魂，他的本质。观察灵魂就是观察这个人真正的本质，而不是停留在肤浅的表面，这就是尊重。

有时候转变的发生是误打误撞的。一天，我要主持研讨会，有人将留着白胡子的 X 先生指给我看，并说："你无法想象这个人多么有趣！他非常有幽默感。"我看着他，立刻觉得他就像个善良的精灵四处传播着快乐。在小组讨论开始之前，我向他问好，并补充说："我听说你非常善于逗人发笑。"这个害羞的小个子男人显得很惊讶，仿佛以前从没有人告诉过他这件事。然后在整个研讨会期间，我注意到他很高兴，而且常常暗自微笑。我料想他一定会说几个笑话，果然很快他就开始接二连三地讲，讲得越来越精彩。上午快结束的时候，我对那个最初和我说他很有幽默感的人说："你是对的，X 先生非常有趣。"他回答说："等等，你觉得我在说谁？我说的是那个人。"原来他指的是 Y 先生，一个瘦高个的男人。那个男人脸上带着恼怒的表情，始终都没说过话。

我张冠李戴误称 X 先生是幽默高手，却无意中让他释放平日里不被察觉或肯定的一面。通过这种阴差阳错，我看到了他隐藏的品质，并将它激发出来。如果我认为这个人会飞行或古波斯语，他当然不会真的开始飞行或讲古波斯语，但是我看到了一种可能，并亲眼见证它变成了现实。

改变信念就可以改变另一个人的特质，这似乎有点匪夷所思。然而真正匪夷所思的是，我们可能会低估信念的重要性，并且忘记我们本可以用多种方式与他人持续互动。各项研究不断验证了皮格马利翁效应：如果我改变了对你的看法，你就会随之改变；被老师视为最聪明的学生最后真的会成为最聪明的学生，被老板视为最能干的员工最终会成为最能干的员工。我们的看法就像洒在植物上的光线，让它更醒目，供给它养分，刺激它生长。想想看，每个人身上有多少天赋和品质因为不被看到而没有充分体现出来？

如果这些品质被认可，它们就可以展现出来。这就是尊重。显然，如果没有这样的尊重，善意就会变得盲目、肤浅甚至风马牛不相及。因看不到他人的价值而让人觉得被轻视，这不是真正的善意。

细心而敏锐的关注不仅会改变对方，也会改变自己。创造力是双向的。如果我们训练自己更细心、敏锐地观察周围的人，并看到他们身上最重要的品质（可能会被喧闹而肤浅的事物遮蔽），我们也会有所不同。为什么呢？因为我们是观念的产物。我们每天看到的和自以为看到的一切构成了我们，也决定了我们整个人生的基调。如果入眼的尽是陈腐乏味的人和事，一切看来都是空虚，到头来我们也会变成一个空壳。而如果我们觉得人人有趣而特别，我们的世界就会变得精彩而辽阔。

我们也会变得更加放松。在一个探索情绪对神经系统的影响的实验里，研究人员发现，愤怒和欣赏这两种情绪会带来相反的结果。当然这个结果并不让人意外。他们要求一组受试者想象令人气愤的情景，同时要求另一组对他人表示欣赏。结果第一组的心率和血压都升高了，第二组则相反，不仅他们的自主神经系统得到了改善（这对人体有保护作用），心电图显示也更协调。

欣赏他人会让我们更开心。古老犹太教有一则传说。一个修道院日渐衰败，人们的宗教热情式微，长老们接二连三地死去，也没有年轻人继承衣钵。整个修道院里弥漫着堕落的习气，甚至绝望的气氛。一天，拉比经过这个修道院。和修士们相处片刻后，他说：

"很不幸我无法向你们提供建议，但请记住，救世主就在你们中间。"然后他就走了。修士们都感到很惊讶，而且随着岁月的流逝，拉比的话始终回响在他们的脑海。"我们中间谁是救世主呢？是那个性情温和的话匣子，还是那个什么都不想做的懒汉？是那个沉默寡言有些阴郁的家伙，还是那个每次都要据理力争、自认为无所不知的人？"慢慢地，修士们平日的那些缺点现在都被视为美德：也许沉默背后隐藏着知识，也许喋喋不休能够带来快乐，也许懒惰只是恬静安详，因为"救世主就在我们中间"。于是，他们开始极力尊重彼此，因为救世主可能会在日常生活中伪装成普通人。他们因救世主而心怀不同寻常的善意，他们想："我们中间有个人是上帝派来的，我们应该对他无比尊重。"

慢慢地，修士们感受到了这种尊重，他们的关系逐渐改善了，从而改变了整个修道院的氛围。他们开始采取截然不同的方式来感知对方，都感到更自由，也更快乐。游客也多了起来，后来见习修士也来了。奇妙的心灵复兴开始了，人们重新感受到喜乐和奇迹。那些修士因为学会了改变看法，他们的生活也就此改变。

不过，尊重不只关乎看，也涉及听。如果不愿聆听的话，就不存在尊重。聆听不是件容易的事，在这个嘈杂的世界尤其如此。以前从没有这么多噪音来干扰和妨碍我们，比如交通和机械发出的噪音、餐馆和商场的无聊音乐、飞过头顶的飞机或脚底下的地铁、邻居的电视机，或附近的摇滚音乐会。我们都饱受噪音污染，那些声音不请自来，进入我们的耳朵，扰乱我们的心神，一点一滴造成无形的伤害。

也许正因为我们不肯倾听，所以我们制造很多噪音。真正的倾听只会在沉默中发生。只有当我远离外在的喧嚣，同时让内心保持安静、专注于你想说的话，我才能倾听你。当我们真正努力倾听时，我们会意识到内心的种种念头都在伺机而动。我们可能正在倾听，但与此同时，各种各样的想法（主意、文字、图像）充斥着我们的脑海，每个想法都想排除其他想法自己发声。我们迫不及待地想要说话，就算没有真的开口打断别人，心里肯定也会这样做。

在研讨会上我有时会使用倾听技巧，不知道它是谁发明的。事先我们会将贝壳或其他物品放在小组的中央，无论谁想说话，他都要先拿起贝壳，然后说他想说的话。其他人负责倾听，除非拿到贝壳否则都不能说话。发言人发言完毕后会将贝壳放回原地，大家沉默片刻，琢磨刚才听到的内容，之后下一个人将贝壳拿走，继续发言。

这个做法很有用。它凸显出我们表达的欲望是多么强烈，我们常常不由自主地想要说话，而不是倾听。它还向我们表明，倾听能够迫使我们放慢脚步、深思熟虑，因为真正的理解需要停顿，也需要专注。

然而，大家很快就厌倦了上面这种做法。当贝壳被放回中央位置时，许多人会争抢它。别人还在说话的时候，他们已经一边准备好扑向它，一边想着等下自己要说的话。他们忘记了倾听。

可倾听需要的不仅是沉默。我们不只需要能听到别人所说的话语，还要能听到他的表达方式。通常，话语本身并不太重要，更重要的是语气。例如，当某人对你说"是"时，对方的语气是迫不得已还是充满热情？是尖刻还是不情愿？比如在"我要去散步"或"你把报纸放在哪里"这样简单的话语中，可能包含着愤怒、不满、抗议和柔情，我们只需要倾听就好。我看过这样一幅画：一扇窗户开向满是乌云的天际，风雨欲来，窗帘飘飞。下面写着："我不记得你说了什么，但我记得你说话时候的样子。"

倾听是伟大的艺术，可以让倾诉者重新焕发活力。倾诉者会感到内心平静，因为有人正在倾听他，而不是想抢走麦克风、反驳、说些更聪明的话，或者改变话题。由于有人倾听，他所说的话就有了价值，他也感受到这份价值感。在真正的倾听中，我们能听到那些没有明说的话。我们听到了灵魂的声音，甚至呼喊。

倾听也给倾听者带来安慰，倾听者可以因沉默而感受到安宁。倾听时，你必须清空自己的想法，自身的焦虑和烦恼暂时退去，内在的噪音消失了。在倾听的时候，你是自由的。

因此，尊重既意味着观察，也意味着倾听。不过，如果说眼睛是心灵之窗，耳朵却不会透露我们的秘密，它是我们五官中上最缺乏表达力的器官。可是当你观察它复杂得出奇的形状，你会发现，它象征着我们对这个世界非凡的接受能力。可惜在忙碌浮躁的现代生活中，我们正在逐渐丧失这种能力。

好在倾听并不是个无聊的差事，而是一场有趣的奇遇。倘若我们真心倾听，会发现每个人都能说出有趣的话，即便是那些看起来最普通的人。

有个非洲故事。天神命令一只叫阿南西的蜘蛛搜集世界上所有的智慧交给他，而作为报答，他会被称为"有史以来最聪明的蜘蛛"。"没问题，"阿南西回答，"我会在三天内回来复命。"

阿南西搜集了世上所有的智慧，并把它们放在一口大锅里。然后，他将锅绑在背上，沿着椰子树极其缓慢地爬向天空。那棵椰子树非常高大，树顶隐没于白云之中。当有人向他提供帮助时，他拒绝了，因为他想独自完成这个任务，成为举世无双的智慧守护者。他为这项任务自豪。每个人都屏住呼吸跟在他身后，最后，阿南西成功了，他带着世间一切智慧升上了天空。他成功了！多大的胜利！多么欢乐！他抬起八条腿，想要庆贺胜利。就在这时，他悲惨地跌到地面。锅摔破了，智慧变成了上千块碎片。在场的每个人都想拥有这些珍贵的碎片，于是跑过来捡：它们如此有趣，如此美丽！从那天起，就没有人能独占智慧。每个人都拥有一些零碎的智慧，即使最无知、最愚笨或最缺乏天分的人也拥有一份，每个人都能发些独到的见解、说些有趣的话。

要解决冲突，尊重是必要条件。我们的生活中普遍存在着冲突和对峙，无论是在家庭、学校、企业，还是社群、人与人之间。从朋友之间的无聊争论到原子战争，冲突往往都显得可笑，会浪费时间和精力，并造成永无止境的痛苦。要处理纷争，侵略和统治都是极其粗暴而且无效的方法，不但不能避免伤害，反而造成了更多的伤害。

即便冲突没有毁灭性地爆发，它仍然会潜藏心底，消磨你的心力。举个例子，美国企业界关于生产力的问题中，有65%是由于员工之间的冲突造成的，而全美前五百强的高级管理人员花在处理冲突和诉讼事务上的时间就占了20%。

化解冲突可以极大地改善企业的劳资关系和提升效率。在学校的话，它对学业成绩也有帮助。要解决冲突，首先需要帮助双方表明自己的立场、并认可对方的观点和要求。这就是尊重：充分肯定自己，也肯定对方。尊重和倾听才是解决争端最有效、最得体的方式。我并不是说它始终有效，因为非理性、好斗、僵硬刻板的大有人在，但至少它是个很好的起点。

一言以蔽之：尊重意味着给予他人应有的空间。不过我们经常做不到这点。首先，我们爱下论断。我们心怀偏见，仓促地论断是非并迅速得出结论。即使未说一句话，我们也会对面前的这个人形成看法：他很可爱，但内心深处自以为是；她看起来很善良，但不诚实，等等。下判断不需要付出任何代价，它快速而简单，让我们在被评判者面前拥有虚假的优越感。无论我们的判断是否正确，都会妨碍人际交往，因为对方会觉察，会受影响，可能还会感到冒犯或受伤。

爱下判断往往与控制欲有关。我们忍不住对别人提建议，告诉他该如何度过一生，甚至想挽救他。想想看，经常会有人试图告诉你吃什么食物、看什么电影或书籍、如何利用时间、和谁结婚或不结婚，或信仰什么样的神等等。这些建议不仅仅是在分享想法，更是一种压力。背后隐藏的意思就是，你自己做不到这样，所以需要别人指点和提供改进意见。

神话故事中的普罗克汝斯忒斯之床是一个绝佳的比喻。可怕的普罗克汝斯忒斯会让别人躺在他的床上，如果他们的身高刚好合适，就能幸免于难，可如果他们太高，他就会切掉他们的双脚，如果太矮，他会将他们的身体拉长到与床相同的尺寸。拿普罗克汝斯忒斯的暴行来比喻那些想要干涉别人生命的人的恐怖行为是很贴切的。很多时候，我们都试图按照自己满意的方式来塑造他人。

要理解爱下判断和控制他人生活所造成的伤害，我们需要看个极端的例子：在极权主义政权中每个人都受到严格控制，必须穿同样的衣服，读同样的书，怀同样的想法，留着胡子或髭须，遮住脸庞，或遵从仅仅为控制所有人的生活而强制推行的习俗。有个罗马尼亚音乐家告诉我，在罗马尼亚的独裁时期不能演奏爵士乐，因为这象征着腐朽的美国社会，只能演奏古典音乐。如果他胆敢与几个朋友一起演奏爵士乐，那么在接到告密者的揭发之后，警察很快就会赶来逮捕他们。如果说音乐是在表达灵魂，那么压制音乐无异于杀死灵魂。在这个极端例子中，一切都源于这样一个想法：有人认为这样做对所有人都好。

宽容是伟大的美德，没有它，就没有创造力、没有爱、没有变革或成长的机会——无论个人还是社会。与此同时，我们也不能过于宽容，我们必须反对不公正、欺凌和暴力，必须勇于面对邪恶。正如历史所昭示的那样，邪恶之所以日益猖獗，往往是因为我们忽略了它。

因此，有时候我们需要容忍，有时候我们需要零容忍。同样，充分地尊重是建立人际关系最简单的途径：听凭别人按照自己的本性生活，而不要指手画脚，不要试图用判断、建议、压力和希望来困住他们，甚至不要有这样的念头，要相信他们可以谱写自己的命运。没有空间，善意会被扼杀；给它空间，善意就能呼吸、成长。这样的尊重不但人人向往，也是人人都能学会的。

第 *14* 章

灵活性

适 者 生 存

通常我们都想要掌控实际情况,这种愿望无可厚非,但完全掌控自己的生活只是幻想而已,因为有太多未知的变量在发挥作用。如果试图控制生活的方方面面,我们可能会抓狂,而且发现事与愿违。接受意外往往更加可取。

万事万物都在变化。我们的身体在变化,想法在变化,情绪也在变化。身边人的情绪也在变化,爱情和友谊也是如此,甚至我们的财务状况、人生计划、痛苦或幸福,乃至于政治局势、时尚、天气等也无不在发生变化。

甚至变化本身也在变化。

在宇宙中,没有任何东西会永远保持不变,我们很难找到保护自身的安全堡垒。要想生存下来,我们只能学习适应,适应接二连三发生的意外事情。一旦适应,你就能活下来。但是,如果环境在变,你却故步自封,就难免走向消亡。

生物界点点滴滴的细节都在赞美这种适应能

力：昆虫的眼睛、热带鸟儿的羽毛、海豚的鳍、狐蝠的骨骼结构、爬行动物的重大变化以及人类大脑的功能都证明了生物体在不断适应变化。如果无法适应，最终恐怕会像恐龙那样灭绝。

科学技术也在试图理解并模仿这种灵活性和适应能力。根据自适应光学发明的未来望远镜就是个很好的例子。地球的大气层是个过滤器，能够遮蔽和扭曲来自太空的图像。探测遥远恒星的新型望远镜利用了大气层的这个特点，并根据大气扰动来调整其镜片，镜片每秒微调达数百次。通过这种方式，即使是太阳系以外的行星，也能被拍摄到精准的照片，而到目前为止，这些太阳系外的行星还不为我们所知。这项发明具有其象征意义：我们之所以能够看得更远，不是因为我们克服了障碍，而是因为我们适应了障碍。

在军事战略中，更灵活的交战方将会获胜。正因为英国的战列舰更轻更快，所以能打败西班牙无敌舰队缓慢而笨重的大帆船。适应能力也是商界的秘密武器，在商业圈里，僵化刻板无异于失败。就像在旱灾期间卖雨伞，或在假期内销售教科书，任何人都无法赚到万贯家产。相反，只有在瞬息万变的环境中嗅出市场需求的人才能生存下来，并获取财富。

灵活性是实践中的智慧，也是活在当下的智慧。它意味着，我们知道如何解读最细微的变化和迹象，并具备必要的能力和韧性来适应新情况。这种智慧源于我们知道自己无法掌握生活的方方面面。通常我们都想要掌控实际情况，这种愿望无可厚非。如果我们是外科医生、飞行员或走钢丝的特技演员，掌控的愿望就更为强烈。但完全掌控自己的生活只是幻想而已，因为有太多未知的变量在发挥作用。如果试图控制生活的方方面面，我们可能会抓狂，而且发现事与愿违。接受意外往往更加可取，否则就会陷入困境。我身上就发生过这种事。

当时，我要接受某个重要直播电台的采访。我的谈话会被直播，根本没有纠正或删除的机会。而且这是电话采访，我担心孩子会唱歌或大喊大叫，干扰采访。这种想法令我不安，因此我要求采访者拨打我办公室的电话。我的办公室位于顶楼，很安静，听不到孩子的吵闹声和交通噪音。到达那里时，有人告诉我管道工正在修理大楼的管道，但我没有将此事放在心上。片刻后电话响了，采访开始。正当我们进入正题、想要讨论高深的精神问题时，意想不到的事情发生了：尽管我不想被任何人干扰，但是门铃响了。我没有理会，继续说着话，可门铃响个不停。原来是管道工，他知道我在办公室里，见我没有回应，他就在紧闭的大门外高喊："费鲁奇博士，接下来的两个小时请不要使用厕所，否则会出乱子的！"当时，成千上万的听众正在收听我的电台采访，管道工的话也直播出来了。不知道听众会怎么想，他们会认为这也是节目内容吗？我当时一点不觉得这个插曲好玩，直到后来才发现它为我补上了幽默的一课。但就在当时，我得承认尽管我竭尽全力，也无法控制局面。外界不会来适应我，更简单切实的做法是，我必须适应外界发生的事情。

心理治疗可以定义为一项帮助人恢复或学习适应能力的工作。也许我们所帮助的人们在面对新情况时仍然会墨守成规；有些方法可能在昨天有效，或至少能让我们生存下来，但用于今天则可能会造成灾难。例如，有人在孩提时代受到虐待，因此惶惶不安，可能会一直像个受惊的孩子那样，对别人封闭自己的心灵。又或许，他会变得低三下四或曲意逢迎，去讨好潜在的敌人。这样的态度无论在过去显得多么合理，现在都已毫无意义。现在危险已经结束，他无须继续伪装自己，而应开始新的生活。再举个例子。一对父母多年来都在专心地照顾孩子们，关心他们的健康，督促他们上学，倾听他们的梦想和烦恼，付出整个身心来谋取他们的幸福。后来孩子们长大了，离开家，也无须父母再继续操劳、奉献。这就仿佛机器已经废弃无用，被扔在角落里生锈。当外在情况已截然不同，这对父母的内心态度会改变吗？

我们的目标是帮助所有人认识当前的现实。因为，尽管现实会无情而恼人地侵入我们的生活，它依然是我们的良师益友。现实会按照自身的节奏发展变化，不会考虑我们的希望和梦想。而如果幻想无法帮助我们在当下如实地面对生活，它们就毫无价值。

因此，灵活性不仅是成功之道，也是内在的精神品质。它意味着不再执着，而是清醒地活在当下，接纳现实。人生中的某些变化可能令人不快，甚至是可怕的：我们爱的人可能不再像以前那样爱我们、我们的专业能力可能正在下降、我们的身体日渐衰弱、我们的产品不再像过去那样畅销、曾经给予温暖和帮助的朋友忘记了我们、以前激动人心的活动现在显得无聊而空洞。

面对不断出现的变化，道家建议我们柔顺如水，因为当水流过岩石，水所到之处，皆应物而变。如果我们能放下最执着的信念，我们就可以接受新的事物，接受悖论和荒诞。这就是创造力。这种态度应该成为我们的生活方式，甚至是精神成长之路。然后我们就能跳出旧模式，变得谦顺，开始新的生活。

适应现实意味着接受挫折。心理学家研究过幼儿接受小挫折的能力，例如，要求孩子们将巧克力豆含在口中10到30秒而不吃掉它；在实验者故意哗哗作响地打开包装纸，取出礼物送给他时，强忍着不要睁眼看；不触摸玩具，仅仅通过观察来挑选玩具；与其他孩子共同用积木建造塔楼时，轮流堆积木而不推倒塔楼。这项研究表明，最容易接受挫折感的孩子会变得最强大，最善于和他人相处，也最认真负责，最容易接受新的经历。

多年以后，等这些孩子长大成人，他们会更容易接受日常生活中司空见惯的小小失意：找不到停车位、等的人迟到了、电脑崩溃、天气很糟糕、旅行取消、超市排队的人太多、必须面对无聊的官僚主义，等等。现实丝毫不在意你的计划，它会不断采取新的方法来折磨你。最新研究表明，在这个时代你每天肯定会遇到23个小挫折（十年前是13个），你会选择与它抗争还是随之起舞？

应变能力会在人际关系中产生共鸣。我们可能天生热情善良，但如果不适应新环境，就会变得紧张不安、心烦意乱、充满敌意，或在面对意外时感到不知所措，继而在与他人交往时缺乏心理和情感上的力量来展现最完美的自我。我们的灵魂好像掉了一半，另一半将陷入挣扎、抱怨和抗拒之中。

由于灵活变通的人更容易接受现实，因此也更容易相处。你喜欢和谁共进晚餐？是抱怨没有火烧龙虾和名酒的人，还是对意大利面和豆子就感到知足的人呢？有个朋友因在你家里睡了个好觉而心怀感恩，未提出特别要求，也不打扰别人，而与此同时，有个亲戚在你家里始终要你不离左右，并抱怨床垫太硬，还要求你帮他找到日本邮票专家，对比之下，哪个客人更受欢迎呢？毫无疑问，随和的人会让他人感到开心。

欲望和需求是考验人际关系的竞技场。如果双方的需求正常而合理，并且彼此能相互认可和满足这些需求，那么一切都会很顺利，人际关系也会良好无虞。但是请想象一下，如果我们的需求变得很迫切而且反复多变，那么人际关系就会变得很棘手，那感觉远远不像是在乡村悠闲地漫步，而像在急湍中漂流。

但请注意，过度而任性的要求可能具有迷惑性。事实上，它们往往是干扰因素，会诱使我们逃离人际关系中最重要的东西，即如实了解对方、与之交流并融洽地相处。许多人暗地里害怕亲密关系，他们会在自己和他人之间树起屏障，而这道屏障往往表现为接二连三的要求甚至强求。有幅漫画说的是，有个女人收到镶有宝石的订婚戒指后，一直在那里用放大镜仔细观察它。那一刻她对未婚夫丝毫不在乎，眼里只有钻石。不妨想象下与此截然相反的情况，假如女人非常知足地对未婚夫说："我不需要任何东西，只要和你在一起我就很开心。"这样的话会多么让人开怀啊！

除了我们大声、主动提出的要求之外，那些被动的要求也可能具有破坏性。我们认为这些要求是理所当然的，而且故意不说出来，最常见的是："我希望你永远不变。"通常，即使我们表示希望身边人发生改变，我们的认知能力却往往具有惯性：我们继续对他们怀着成见，并且下意识地希望我们的看法是正确的。一旦某件事情与我们的固定看法发生冲突，我们就会感到烦恼。

我们希望身边的人能继续保持不变。我们给他们贴上标签，形成固定的评价。身为心理治疗师，我有时会接到患者亲属的电话，他们会抗议患者身上正在发生的变化，或许是变得更加自信，或展现出新的品质，他们抱怨与她相处越来越不容易。他们只是想让这名患者不再痛苦，并停止给别人带来痛苦，但他们没有意识到，为了实现这个目标，那个人必须做出改变。当她不再符合他们对她的印象时，他们感到沮丧。我还记得有个父亲，听到一向意志消沉、萎靡不振、温顺听话的女儿决定辞职并环游世界时，他脸上露出了惊疑和不屑。女儿有了转变，正在迎向自己的自由，可她的父亲却紧抓着过去不放，还拿出全副武装准备抨击新事物。

这种事情发生在每个人身上。一天晚上在餐馆，我没有像以往那样点意大利面、蔬菜和矿泉水，而是点了比萨、香肠和啤酒。你可能无法想象我家人的反应，他们认为我有悖常理、缺乏品味、已经迷失灵魂、将来注定要应对严重的健康问题。可如果其他人点这些食物的话，他们可能丝毫不会介意。他们根本无法忍受我本人与他们对我的看法不符，并且很难想象我会突破这些限制。这是由于我身在一个刻板的家庭吗？我不这么认为，我们很正常。可是，我要为自由投下一票。

我理想中的家庭是：父母与长大的孩子之间达成一致，允许孩子染发、愿意在自己身体的哪个部位打孔穿洞都行、随自己的意愿穿衣、钱爱怎么花就怎么花、喜欢吞什么化学药品（少数例外）就吞，还包括顺应孩子的性倾向、改变个性、突然离家跑到神秘的远方去冒险。

要让我们所爱的人拥有自由、成为他们理想中的样子。要为他们提供空间，允许他们尝试、犯错、发挥创意、失败或成功。允许他们发现自身的上千副面孔，而不要用我们僵硬不变的思维模式来束缚他们。不要保护和说教，也不要敦促或诱使他们按照我们的愿望来成长。这样的相处方式才是最好的。难道你不希望别人信任并这样待你吗？

通常来说，我们会觉得年龄越大越刻板。但事实上，孩子们完全听命于习惯，并且通常不喜欢变化。我认为，鉴于他们的心理和生理结构，我们应该尊重其需求。我曾经有一年时间没见过我的教女，于是那次在她走进房间时，我躲在衣柜里，然后突然跳出来。我原想要给她个惊喜，但这种玩笑让她一点都不开心，她哭着跑开了。她是对的：教父通常不会突然从衣柜里跑出来。小孩子需要固定不变的参照物，你不能过于灵活多变。

成年人则另当别论。如果我们设法减少刻板的思维方式，不将自己的期望太当回事，就能为别人提供自由成长的空间，让他们去表达新思维和新行为，展示出意想不到的品质，说不定他们会因此成熟。在与人交往时，如果你暗中期望他保持不变（毕竟你已习惯了这种方式），那无异于将他视为保险单，而不是一个活生生的人。反之，越给对方空间去改变、尝试、摸索，你们的关系就越可能成为一种奇遇，在这份奇遇中，你们都不知道接下来会发生什么。

家庭也是这样，它可以僵化也可以柔软，可以适应压力、变化，以及童年和青春期的棘手问题。研究表明，在孩子青少年期间，家庭的适应能力越强，孩子成年后的亲密关系越美满。

如果我们灵活变通，我们就不仅可以更轻松地适应其他人的变化，也更善于做出艰难的让步，而不会感到沮丧或愤怒。例如，让步可能意味着承认别人更有见识，承认是自己的错并为此道歉，向他人做出退让。当你走在交叉路口或车道中时，是否没有任何车辆减速让你先行？我也许就是那样的司机。开车时，我有时会礼让其他司机，但有时候不会。之后我开始为自己辩解，我会对自己说，我太忙了无暇停车，那个司机开太快，或者如果我停下来让他先行，可能会被他追尾。然而想想看吧，如果所有的汽车都假装你不存在、从你面前不断穿行，或者甚至可能还稍稍加速，缩短车距，让你无法向前挪动，你会有什么样的感受呢？可如果有人停车让你先行，甚至对你微笑，你的感觉又会怎样？无疑后者会让人感受到善意。

碰到开车这种事，让步可能是最难的。我还记得几年前目睹了一幕令人很不舒服的场景，事情发生在佛罗伦萨附近山坡的一条狭窄小路上。那里太窄了，没有办法双向行车。两名司机迎面开过来并相持不下，碰到这种情况，通常会有个司机先让步，倒车让对方先行。但这次，两个人都没有这样做。他们停下来争吵，彼此说出的理由越多，就越不愿意让步。因此他们既浪费了时间，还挡住路让其他人也无法通行，更糟糕的是，他们损害了自己的幸福。

让步并不容易，尽管我们知道它通常是正确的选择，而且效果最好。但我们的文化鼓励自我肯定，将让步视为软弱和失败。我们经常在政治辩论中看到类似的情景，辩论者害怕自己显得无能而决不让步。实际上，那些不惜任何代价想要显得强大无比的人往往是最弱者，他们有时显得荒谬或可怜。曾有漫画非常诙谐地传达过这个事实，此刻我想到了卓别林出演的电影《大独裁者》中的著名场景：除了坐在更高的地方之外，希特勒和墨索里尼再没有别的办法来表明他们比对方更优秀。他们只能将椅子升得越来越高，最后脑袋触到了天花板。

最能体现我们的变通能力，同时也最能体现善意的是：我们能否腾出时间。在这个问题上人们的表现千差万别，有些人会使用应答机和冷漠的助手将他人拒之门外，让别人待在等候室里，或将他们列在等候名单中。有时这些人是大人物，这种等待自然是无可厚非的。但我怀疑这通常是装模作样，他们假装忙碌不暇，从而让你觉得他们比你重要得多。我曾经想和某个文学经纪人见面，打算将我的作品交给他出版，但他的秘书小题大做，告诉我必须先送去详细的自传，要几个月后经纪人才会"勉强同意"和我见面。那种"让步"听起来过于倨傲，所以我放弃了。这也没有什么。我现在的经纪人随时有空，而且在销售我的作品时非常卖力。

"随时有空"当然很累人，也可能会被人趁机利用，浪费我们的时间。而且我们大多要忙于工作，无法回应每一个请求、答复每一通电话、满足每一种需求、回复每一封电子邮件。但问题并不在于精力是否有限，而是在与他人打交道时，我们应该本着乐于助人的内在态度。

如果多点善意，并能够有条不紊地处理事情，就可以让别人觉得备受欢迎。有些医生会先让你等在拥挤不堪的候诊室里，身边全是痛苦的患者，有些人还会剧烈地咳嗽或大声呻吟。最终轮到医生给你看病时，你比之前更难受了，更迫不及待地想要离开。但我也见到有些医生能够立刻伸出援手给你看病，仅仅是因为你前去就诊并需要他们的帮助。

我认识一位佛罗伦萨的小提琴制造商（她的工作室就在旧宫的后面）。她制作的小提琴品质超绝，远近闻名，全世界最优秀的小提琴手们都爱用她做的琴。可是当我带着儿子的小提琴去修理时，她会立马放下手头的事情，几分钟就帮我修好。我也认识一个叫福尔曼的人，他创办了一家百叶窗公司。一次我打电话过去，是他的秘书接的。在提供了详细信息之后，我问他什么时候可以来修理我的百叶窗，我本来以为会听到"几天以后"之类的回复，但秘书的回答是："他已经在路上了。"

这就是我所说的"随时有空"。

第 15 章

记忆

你有没有忘记什么人

记忆的本质不在于存储信息，而在于我们的情感以及赋予记忆的意义：因为我们记得，所以人际关系才充满活力。童年的玩伴、离别的痛苦、一次邂逅、一个美好的九月午后，等等，所有这些不仅是保存在档案中的物品，更是我人生故事的重要组成部分。我记得，所以我存在。

你走在街上，突然遇到了二十年未曾谋面的故人。你并不知道这些年来她历经沧桑，在你的脑海中，她依旧是多年前的模样。你仍然对她保留着当初的印象，就像记忆长廊中的一尊蜡像。你不期而遇地碰到了她，但宛如恐怖电影中的镜头，她似乎突然变老了。太不可思议了！这么多年就这样转瞬即逝，仿佛有人摇动了时间机器的把手。这种猝不及防的相遇令人震惊，生活也借此提醒我们：时光飞逝，没有什么会保持不变。

在一个晴朗的秋日早晨，我遇到了我年迈的英文老师。很多年前，她曾与我的生活有过交集：我每周都会去她那儿上几门沉闷乏味的英语课。后来我搬家，和她失去了联系。现在，毫无预兆地，我在集市上碰到了她。我先认出了她，她已白发苍苍，行动迟缓，但依然葆有老年的优雅风范。我向她讲述了我的情况，并询问她的近况。她的脸色变得悲伤起来，她说："我们在 W 停下来了。"起初我不明白她的意思，然后我想起来了：这位女士当时正和她的丈夫一起编纂译英辞典。他们怀着匠人精神，沿用老办法来编这部辞典，一个一个地处理字母。比如，他们会花时间全身心投入 A 中，那段时间内，只有以 A 开头的单词才重要；然后是 B，依此类推。我最后一次见她时，他们刚开始这个项目。

编到 D 时，她丈夫的健康状况呈现出恶化的迹象，但他们并不太担心。编到 I 时，他时而清醒时而糊涂，病情在无形地恶化。L 是生死关头，那时还发生了车祸。到了 P，情况已经不容乐观，不得不住进医院。S 则是充满痛苦和悲伤的时期。随着工作的推进，他的健康每况愈下，直到 W。编纂工作进行得越来越慢，直到丈夫去世。她也无法继续下去，这项工作就此中断，辞典也不了了之。

在我看来，这种借助字母来记忆人生的做法并不常见，但我并不感到惊讶，因为我们所有人在脑海中都会将人生的里程碑事件与某些想法和情感联系起来。但最令我印象深刻的是，这位女士多年以来都痛苦不堪，而我却从未关心她。我已经走向了新的历程，忘记了她。与此同时，她却在承受痛苦。她在一页页的辞典编纂工作中逐渐老去，灵魂也饱受折磨，最终孑然一身。

是的，人们依然存在，即使我们没有想起他们。他们在继续受苦、工作、享受、生病、康复、死亡。这是不可否认的事实。但我们真心这样认为吗？对我们自恋的心灵来说，别人只有在我们看到、触摸到、听到或至少想到的时候才存在。

多年以后，当我们再遇到这些人时，我们惊讶地发现他们的生活早已物是人非。也许，我们也会因忘记他们而感到内疚。我的英语老师在从字母 A 到 W 的编纂过程中经历了巨大的动荡，而我被生活的洪流裹挟着，走上了不同的道路。我无法消除她的痛苦。可是谁知道呢？也许我偶尔打个电话或看看她，可能会帮助缓解这份痛苦，她会觉得自己并不孤单，因为这世上有人还惦记着她。但这种事并没有发生。

我们生命中有很多人似乎慢慢被淘汰了。他们曾帮过我们，引起我们的关注并激励我们，然后他们变得不再重要，被我们忘记。而这个时代的流行心态也强化了这个过程，它让我们沉醉于虚幻不实的世界，这个世界生活节奏很快，情感很肤浅，我们的欲望也容易得到满足。我们生活在虚幻的当下，与过去或未来没有关联。这个当下充斥着消费主义，它诱使我们不断追求新产品，丢弃旧东西。

这是用过即丢的做法：不再需要的，我们抛弃它。也许听起来有点愤世嫉俗，然而这种做法经过微妙而相对温情的伪装之后，也渗透到了人际关系中。我们对某人一旦失去兴趣，立马抛诸脑后。这些人通常是老年人，但也可能是任何年纪的人。我们很少会露骨地表达出来，但彼此心照不宣：我们如此忙碌，马不停蹄，无法一一履行承诺，也无法花时间陪伴那些我们因忙碌而觉得似乎无关紧要的人们。就像快车道上的汽车，我们会加速并将速度较慢的车辆抛在后面。然而我们也可能是开得慢的车，眼睁睁看着别人超过我们，一下子消失在远处。

老年人的遭遇很能说明问题。如果你去阿拉斯加，你会发现在那传统的生活底下，因纽特族的老年人备受尊敬，因为他们知道如何在坚冰上凿洞钓鱼。去尼日利亚的部落看看，你会发现老年意味着荣誉，因为只有老年人才有权提供建议和治疗方法。在传统的印度，老年人致力于追求精神生活，超越了世俗的野心和兴趣。在西方则有所不同，老年人经常被遗忘，他们失去了重要性和活力，从我们的记忆和现实世界中消失了。最糟糕的是，有人把老人视为累赘。我曾问过我授课的小组，他们想到"老年"时脑海中立刻浮现的是什么，最常见的答复是"阿尔茨海默病""大小便失禁""虚弱""衰老"和"棺材"。

我们这个时代还有个特点，那就是爱用"记忆"这个词来打比方。你可能听说过某些材料可以保持特定的形状，这是它的"记忆"。我的裤子面料能够"记住"正确的折缝，"忘记"错误的折缝；计算机有"记忆"，我们会辛辛苦苦地保存所有数据，以防计算机失去"记忆"；税务人员每晚都会在办公室存储所有数据，他的工作绩效取决于此。我曾听说有个人的电脑突然失去了所有的记录，包括地址、交易、账户等等，他沮丧得一病不起，很快就死了。

我们有时也会觉得自己像台出了故障的计算机，担心记不住名字和电话号码。但这是真正的记忆吗？在我看来并非如此。记忆的本质不在于存储信息，而在于我们的情感以及赋予记忆的意义：因为我们记得，所以人际关系才充满活力。童年的玩伴、离别的痛苦、一次邂逅、一个美好的九月午后，等等，所有这些不仅是保存在档案中的物品，更是我人生故事的重要组成部分。透过记忆，我构建了自己的生活，建立起我的定位。通过回忆碰到的事、遇到的人、犯下的错误以及享受的胜利，我才成了我。我记得，所以我存在。

记得意味着生，忘记意味着死。在某个人离世之后，他会突然之间在我们的记忆中再次复活。我母亲去世很多年后，有个认识她的女人和我说起她生前的几桩往事。那些事我原本毫不知情。我的母亲曾在她需要的时候伸出援手，并对她诉说心事，也谈到过我。听着听着，出乎意料地，母亲仿佛再次出现在我面前。有人去世的时候，帮助死者亲友的最好办法莫过于一起回忆那人生前的点滴。我们将死者的灵魂封存在记忆中，借由回忆，我们打败了不可避免的死亡，暂时赢得小小的胜利。

不过，我们经常更容易遗忘。我们忘记的事比记住的要多得多。人的记忆具有很强的选择性，我们会想起有恩于我们的人，而忘记其他人。我们可以恣意穿，行在记忆的长廊，但总有许多事我们永远不再追忆。因此，尽管很少说穿但可以从中看出我们对其他人的基本态度，那就是将人分两类：一类人很重要，他们有用、有趣、可爱，能够帮助我们；另一类人不太有用、不怎么可爱（即使我们可能不承认这点）。将这种态度从逻辑上推演到极致，它就会形成微妙的暴力：忽视和忘记某人是一种无形的暴力。即便没有使用拳头和子弹，它仍然是暴力，因为它将别人推向了孤独和冷遇之中。

幸运的是，我们可以换种方式来对待他人。那就是认为每个人都同样重要，同样珍贵。诺曼·考辛斯在其杰作《阿尔伯特·史怀哲的使命：治愈与和平》中讲述了他会见史怀哲的情景。去见史怀哲的时候，他带了一封孩子写的信并交给了史怀哲。在信中，那个孩子向史怀哲征询音乐方面的建议。史怀哲读完信,两人便开始讨论各种重大议题:世界和平、美苏关系、导弹和原子武器、医学和巫术、治疗、人际关系,诸如此类的全球性话题。安排这次会谈原本是希望在缓和全球紧张局势和启动缓和政策方面有实质性进展,可最后,史怀哲从全球话题回到了这件特殊的小事。他想起那个男孩并给他写了回信。这个孩子与肯尼迪和赫鲁晓夫同等重要。在史怀哲看来,没有人应该受到忽略,每个人都很重要。

如果因为微不足道便被遗忘,我们会很受伤,这有如被社会放逐。我们渴望别人能记住我们,渴望受到重视和关注,从而感受到自身的价值。而且,对于那些愿意记住他人的人来说,这种记忆也是有益的。如果生活在失忆状态,没有历史可言,那是极其危险的,因为我们不再知道我们是谁。在迪亚戈·马拉尼的小说《新芬兰语法》中,有个男子的颅骨几乎被打碎了一半,被发现后送往医院,虽然伤被治好了,可他失去了记忆。他不知道自己是谁,连说什么语言都忘了。他没有身份。若干线索表明他可能是芬兰人,因此他开始学习芬兰语,并试图重建他的身份。这是个漫长而艰辛的任务,因为记忆已经丧失,他只能在黑暗中完成这项任务。最后,主角偶然发现他根本不是芬兰人。原来那些线索全被误解了,但为时已晚。现在他已加入芬兰军队,为一个并非祖国的国家而战,而他依然不知道自己是谁。

这个故事可以看作是人类丧失记忆的隐喻,因为在某种程度上我们都会失忆。在这个时代,世界的发展日新月异,我们很难了解所有的新闻。新的刺激诱使我们不断分心,每天都通过各种事件、人物、时尚、想法、建筑、地点、物体而重塑当下的体验，每件事持续的时间都很短，之后就消失了。由于变化如此之快，我们在生活中几乎很少与他人保持联系，每个人都过着自己特有的生活，而这种生活却比100年前复杂多变得多。更糟糕的是，我们甚至失去了与自己的联系，与自身的历史割裂开来。然后，就像故事中的男人那样我们试图构建自己的身份，但这个身份是虚假的，非常脆弱。最后，我们甚至不知道我们是谁。

不过，我们能找到若干局部的补救措施。担任心理治疗师期间，我会在与客户会面之初要求他们写下自传。他们已有的记忆往往是片面的，夹杂着被他们遗忘的情绪、怨恨，以及不愿重新面对的伤害，有许多东西是无意识的。但逐渐地，人们可以认识到自己的历史，因为即使我们认为生活混乱不堪，许多事情都不了了之，可毕竟每个人的生活经历是连贯的。慢慢地，我们可以与自己和平相处，认识到是我们的历史造就了今天的自己，并决定我们努力的方向。我们的记忆、汲取的教训、克服的困难、成功和失败、认识的人……所有这些都构成了我们的生活，有助于认识自己。

我有个客户，她希望重建童年以便探索自我的定位。她在奥地利山区的小镇上长大，两岁的时候，她的父母将她交给修女照顾，日子过得很苦。四十岁的时候她再次回到这个小镇。她对这里只有极为短暂的记忆，当年照顾她的四个修女中已有一人离世，其余三人失散在其他城镇，她找到了她们。借助于照片，她在脑中重现那些年的生活。修女们仍然清楚地记得她。这次相遇对她影响很大。经过这次探索，她的感受发生了变化，她的人生不再是些碎片，她觉得自己更强大、更真实了。

专家们习惯谈论"自传式记忆",认为我们在不断改写自身的历史,也就是说我们或多或少会根据越来越全面的自我形象来重新评估自己。此外,记忆也能充当社交黏合剂。如果他人拥有和我们相同的回忆,我们会感到非常亲切。正如在前面的章节中所说,活在当下很重要,但拥有记忆同样重要。

如果我们了解自身的历史,并接受遇到的所有困难,我们就会感到更加坚定。反过来,如果处在失忆状态,与过去割裂开来,或被以往的生活压迫或毒害,那我们的日子可能更加艰难。我们的过去是人生旅途中必须携带的行李。我们将进入未知的领域,它也许是美丽的,但也可能是危险的。那里一切都可能发生。也许我们携带的包裹中装满了沉重无用的东西,只能放慢脚步,每走几步就要停下来喘口气。又或许我们什么都不带,既不知前路也不知去路,吃的喝的也都没有。但我们也可以轻装上阵,只带些食物、水、睡袋、详细地图、旅行笔记和指南针之类的必需品。

有些记忆永远无法抹去。早年的历史也许最为重要,即使我们忘了,它也早已深深地刻入我们的记忆细胞中。我们最初的人际关系是怎样的?这通常涉及与母亲的关系,因为是她保障我们的生存、保护和照顾我们。我们的许多性格都取决于这种关系。此外,我们对这种重要人际关系的感受决定了我们怎么抚养自己的孩子。请想象你面前有对夫妻,他们想要生个孩子,而你想知道他们在未来会与孩子建立什么样的亲子关系。什么是预测这份亲子关系的最佳指标?对某种测试的反应?人格调查?他们的哲学或宗教信仰?夫妻俩的关系？都不是。最关键的指标就是，这对准父母如何描述他们与自己父母之间的关系。他们曾经历过的事可能会再次发生在孩子身上。

现在我们来看另一种人生情境：濒死体验。这是一个有趣而又引人注目的例子，可以诠释过去如何融入我们的生命之中。许多从鬼门关侥幸逃生的人在描述这段经历时，他们的说法都惊人地相似。许多人回忆说，他们曾经在瞬间看到了自身全部的人生经历，或者沿着黑暗的隧道走向奇特而又极其美妙的光芒。很多人还记得，已经去世的亲友赶来见面，帮助、引导和安慰他们。在那样的时刻，我们需要的就是这些。多么令人感动和宽慰！

那些灵魂当真是我们离世的亲友吗？抑或只是人类生理机制的紧急反应，脑中忽然释放出大量的内啡肽，而我们借助这类有益的化学物质和令人安心的图像来应对极端的压力？对我们来说，答案并不重要，因为这两种解释都无损于以下事实：我们相识的人已经融入我们的生命之中，我们需要他们的存在和帮助，才能变得更加强大和完整。

因此，无论我们喜欢与否，有些人永远活在我们的世界观和细胞当中，其他人则不太重要，或者至少看上去这样。但所有人，甚至不太重要的人，都参与了我们以往的成长并造就了现在的我们。他们就像大树的树根，哪怕是最细最远的根须也很重要。

认识了自己的根，我们会变得不同，感到更真实。很多人关心自己的家族历史，这种兴趣源于一种无根的焦虑，我们害怕陷入虚无之中。但比起去追溯我们的祖先，更重要的是重新发现和曾与我们人生之路同行的人们之间的关联。

每个家长都懂得这一点。我们不妨来看看孩子生活中的里程碑事件：刚学会走路、生日、学校演出、假期，你肯定会发现，总有父母会特意拍摄或录制这些场景。而且，孩子们也会不厌其烦地要求父母和其他亲戚讲述自己童年的故事。他们非常想知道他们童年时的样子和做过的事，并对这些故事百听不厌。这是因为，他们需要将这些记忆碎片拼成一个故事，一个关于他们自己的故事，从而变得完整。父母给孩子拍照和讲故事是如此司空见惯，几乎风行全球，它几乎是无意识的行为，类似于喂养和保护孩子的本能。保存童年记忆有助于孩子产生认同感，从而获得力量。如果你知道自己的过往，你就可以更轻松地决定自己的未来。

记忆也具有社会含义。通常我们会记住某些地方和风景，不仅古代社会的人这样，所有人都是这样。同样，我们也会记住某些节日、仪式、音乐、歌曲、传说以及习俗，这些遗产都值得保留。语言也是如此，它是人类智慧的真正结晶，无数人数世纪以来为此做出了贡献。那么食物呢？它也许是文化最直接的纽带吧？食物包含着各种情感，它与语言相似，是逐渐进化的产物：经过无数次的调整和尝试之后，最美味的菜肴保留下来。当你享用食物，你就与某种人生感受和生活滋味产生了关联。

然而，丑陋的新建筑常常会破坏风景，传统音乐、故事和风俗习惯也可能被遗忘掉，语言可能会变得贫乏，人们也可能会在毫无特色的地方品尝批量生产的乏味餐点，而不是传统的食物。这些有利于提高利润和效率，但它让世界变得更加冰冷，毫无特色，也造出一个尚未诞生便已宣告死亡的现在。这是当今世界的一大问题。

这让我想到了一件小事。一天，在佛罗伦萨市中心有个年轻女士对我说："嘿，你好，麦当劳在哪儿？"她的身后紧跟着几个饥肠辘辘的孩子，他们和她一样恨不得立刻就能狼吞虎咽，大快朵颐。在那个瞬间，我明白了保存历史的重要性。我们对过去非常缺乏尊重，忽视了前人的言行、痛苦、创造发明，乃至于他们的饮食之道。许多人不辞劳苦想要尽力保留前人遗留给我们最新奇美丽的遗产，这无疑是善意之举。而饥肠辘辘的孩子们只想要狼吞虎咽，吞下碟子中毫无特色的批量食品。"不，年轻女士，我忘了麦当劳在哪儿，但我知道有个地方能做美味的意大利面。"

善意与记忆之间有着怎样的关系呢？做个小实验就足够了。想想你人生道路上失去的人（那些不太重要的人），并留意你回忆起他们时的反应，是感恩、怨恨、内疚、快乐、遗憾，还是无动于衷？他们怎样融入了你的生命之中？

如果我们将那些对我们不再有用的人抛到九霄云外，我们就不可能是善良的。如果我们将人分为三六九等，我们就永远不会完整，也不会心安，无论是对自己还是对他人。如果不深入了解我们的过去、现在和未来是如何互为交织，不明白我们每个人既是自己、也是他人，我们也就无法真正理解我们与他人的关系。

第 16 章

忠诚

不要乱了头绪

忠诚的首要原则是，忠于自己。可靠首先是一种内在的协调性。忠诚就是忠于我们自己的感受。当我们忠诚、可靠时，我们会体会到基本的诚信，感到幸福。当我们不忠诚或不可靠时，我们也许能获得眼前的利益，但我们迟早会感到支离破碎和内疚不安。

不久前，意大利南部的一场大地震将许多房屋化为废墟。那些开发商为了快速获利而粗制滥造的房屋，在地震之初就坍塌成了齑粉，而八个世纪前的诺曼式建筑则幸免于难。这些持久耐用、为提供安全舒适的居住空间而建造的房屋，在地震中完好无损。

人际关系类似于此。有些人际关系只是为了追求个人利益：金钱、快乐、社交人脉和声望，它们的根基很脆弱，只有当原始动机继续存在时，才能持续下去。有些人际关系则长久而健康，就像诺曼式建筑。由于根基坚固，而且出发点并非眼前的利益，因此当面临地震、经济困难、疾病、失败、个人困难时，它们仍然坚固，甚至变得比以前更坚固。在这种关系中，重要的不是向对方索取实质利益，而是一种历久弥坚的深厚情谊：随着时间的推移，不论发生什么，都乐意给予对方陪伴、支持和友谊，哪怕会有损自己的利益。这样做是对的。要想保持善良，就是即使在最艰难的环境中也要坚持下去。这种能力就叫忠诚。

现在我们想象一个人，她充分理解自己的情感和记忆。她并不盲目接受自己的想法和原则，而会在反省之后理性抉择。她知道在自己的生活中哪些东西是真正重要的，并为此而奋斗。她勇敢地面对挫折和痛苦。这样的人具有忠诚所需的主要品质——立场。

事实上，并不存在没有立场的人。但许多人不知道、不承认或不尊重他们内在的价值，因为他们受过伤，所以宁愿肤浅地生活，以避免受到更严重的伤害。这些人很容易随潮流或环境而改弦更张，他们的人际关系是短暂的，因为这些关系主要基于个人利益。他们是投机主义者。

这不是好与坏的问题，而是强与弱的问题。有些人保留了正直的品格，对他们来说，忠诚和可靠是理所当然的。他们了解自身的感受、需要和信念，因而他们的忠诚扎根于肥沃的土壤，并借助于清醒的认识和内在力量而不断成长。

至于不忠诚的人会发现，审视自己的感情令人心惊胆战，他们害怕看到内心深处的东西。对他们来说，拥有自己的想法是可怕的，那样会过多地暴露自己。他们非常缺乏自尊，以至于像乞丐一样生活，只要能获得帮助，就会四处求助。他们也缺乏安全感和个性。

要这种人忠诚，确实很难做到。

如果没有力量去承担风险并忠于自我，我们就会生活在表面，而且生活会变得空虚而混乱。在但丁的《神曲》中描述了一群卑怯的人，生前他们无法做出决定，无法忠于理念或个人，于是死后被罚不得不跟在某个旗帜后面不断奔跑。这种惩罚意味着他们生前就应该真正忠于自己。这种人为数众多，相比之下但丁对其他犯下错误的罪人表现出更大的尊重，因为他们至少拥有并忠实于自己的理念。这群卑怯的人当中也包括天使，因为当撒旦犯下傲慢的罪行、对抗上帝时，这些天使也没有坚定的立场。他们是一群没有信仰、缺乏立场的生灵。但丁认为，世界上充斥着无数这样的人。

我们都喜欢与忠诚的人交往。然而，我们并不太了解这种品质。在所有的品质中，忠诚是最不时髦的。尽管关于"品牌忠诚度"的研究比比皆是，但并没有人真正研究过忠诚。这种现象本身就是当今时代的病征，值得深究。

"品牌忠诚度"是指消费者倾向于使用同一种品牌的产品。忠诚这个字眼用得非常贴切，因为我们往往会与某种产品建立情感纽带。我们都知道，有些人对相机爱不释手，有些人在提到他们最喜爱的汽车时会激动不已，有些人不穿著名设计师设计的衣服就无法生活。而这与产品质量关系不大，重要的是品牌本身，因为它意味着生活方式和格调，或许它也提供了团体归属感。

此外，品牌还神奇地包含我们所有人都希望拥有的才能和力量：买这双鞋，你会觉得脚后跟装了翅膀；买这款利口酒，你将成为贵族；买这款香水，你会像女神那样美丽动人。不难看出，产品销售商挖空心思想要获得我们的忠诚度，因此乐于向我们承诺任何东西。消费者必须持续不断地为它们烧钱，而不是为它们的竞争对手。他们明白，与消费者互动时间越长，忠诚度就会越高，而且培养它宜早不宜迟，利用技巧将它灌输到小孩的脑子里，等他们长大购买该品牌的东西就会变成常态。

对于品牌忠诚度，我们绝不能等闲视之。我确信，它基于人类的一种迫切需求：相信某人或某样东西，去爱也被爱，希望拥有稳定感、安全感、归属感和意义。这就是我们喜欢品牌的原因，而这种心理需求就这样被商界利用了。这就是为什么我们忙于积累积分，故意露出服装、手表和帽子上的标签给品牌打免费广告。也是出于这个原因，我们更热衷于获得情感安慰而不是实质利益。我们人人都有忠诚的需求。

为什么会有这种强烈的需求呢？答案很简单，因为持久而稳定的人际关系已经变得非常罕见。我们生活在三心二意的时代，世界纷纷扰扰，我们不断受到诱惑，想法也变来变去。这个时代最重要的标志就是电视遥控器和电话。利用遥控器，我们能够毫不费力地更换电视频道，从爱情故事切换到战争暴行，再到尿布广告。而电话，特别是手机，更是具有干扰任何人际关系或活动的神奇力量，比如打断爱意之举、音乐会、家庭聚餐或宗教活动。它表明了一种冷酷无礼的态度："我根本不关心你在做什么，快来听我说。"这还不是全部。一个对话正在进行，突然被插播的电话打断，于是你去接另一个电话，然后在二者中选一个比较喜欢的对话继续。意大利有个推广插播服务的广告很有名：一个女孩同时与两个男孩调情，而男孩们各自认为只有自己俘获了她的芳心。这是不忠的完美缩影。这个女孩很不讨喜，因为她虚情假意。但她也很有趣、迷人，因为像她那样浅浅地活着，万一受到拒绝或伤害，至少还有其他选择。

分心的结果是不断地失去。"我们在说什么？我已经忘了。不过这并不重要。我已经乱了头绪，干脆换个话题吧。"就这样，各种分心导致我们的互动变得肤浅且无足轻重。当我干扰你的时候，我就将你拉低到我的水平，让你变得和我相似。分心可能历史上一直存在，但在当代几乎每个领域都变得更加肤浅，与此同时，我们迎来了发展速度越来越快的新技术，这更是极大地刺激我们分心。我认为，从柯勒律治创作《忽必烈汗》那时起，"分心时代"就真正开始了。当时他正在遐想，文思泉涌，脑海中绵绵不绝地涌现出奇妙的意象和诗意，可突然一个生意场上的熟人意外来访——平淡无奇的生活就这样侵入了诗歌世界。柯勒律治乱了头绪，再也无法按照最初的构思来完成这首诗。无独有偶，两个世纪之后的勒内·杜马勒躺在病床上，几乎就快完成他的杰作《相似的山》了。在这部小说中，攀登山峰象征着精神的超越，当主人公刚刚到达山顶，正要寻得完满的开悟，这时却有人敲门，杜马勒的思绪被打断了。他再也没有完成这部著作，因为不久之后他就去世了。

实际上，我们这个时代的分心和干扰更是变本加厉。我们渴望忠诚，但这种需求并没有在人际关系中体现出来，而是被商业机制扭曲和利用。在这样的生活方式下，随着时间的推移，我们的人际关系将变得不再持久。我们失去了头绪。

忠诚则与分心相反，它意味着陪伴，保持专注，不让分心影响到我们的生活。要想实现尊重，忠诚是最重要的，而且即便遇到障碍也要继续这样做。我认识的一个作家讲了个奇特的故事：他遇到了一位有着深厚的文化根底、思维也很活跃的科学家。他们天马行空地侃侃而谈，谈兴正浓，却被暴风雨打断了。谈话结束后，两人分别坐上出租车走了。五年以后，他们再次不期而遇，那位科学家甚至都没来得及和作家打声招呼，就立刻重拾他们五年前被打断的谈话，继续交流起来。忠诚、忠贞也是如此，它不仅与大脑相关，也和心灵相关。

我还记得小时候跟着家人去美国的情景。那是20世纪50年代，我们是坐船去的。我们只打算去几个月，但也有许多同行的人打算彻底移居海外。当时几个大陆之间船票很少而且很贵，去美国可是个大事情。船起航以后，行驶得非常缓慢，码头上的乐队演奏着令人心碎的音乐。在船上，我们看到那些移民的家人在挥手告别，他们知道此次作别，很多年将无法再见。我永远无法忘记他们的脸庞。在那种强烈的悲伤中，你可以感受到一种强大的力量。虽然没有证据，但我相信这些家人会保持持久的联系。我相信二三十年以后，纵使岁月沧桑，斗转星移，他们的感情将始终不变。

团聚也和离别无异。几年前报纸上报道过一个很特殊的事件：一些来自朝鲜的公民在大约五十年后得以去韩国看望他们的家人。这些儿子、女儿、父母、姨妈、叔叔、侄女和侄子曾经被迫分开，分别居住在韩国和朝鲜，现在他们获准在大房间里交流几个小时。那些照片表现出极其强烈的情绪，它们传达出来的信息远远超过任何科学研究的成果。这充分表明，那些最深的感情如果不被压抑或忽视，就会扎根心底，持续一生。

现在让我们回到之前的问题：为什么我们如此渴望忠诚，甚至在"分心时代"依然寻找它？可能的答案就是，忠诚可以上溯到远古时代，追溯到我们出生之前，它涉及我们与父母（特别是母亲）的关系。我们与母亲有着独特的关联：在分娩之前，她会孕育我们好几个月；出生以后，她又养育和保护我们。她是最爱我们的人——至少理当如此，而我们也通常视之为天经地义。在这种关系中，我们拥有过或者应该拥有最纯粹的忠诚。母亲给予我们持久的帮助，并非出于任何利益，也不是因为我们拥有任何天赋或才能。无论我们是否美丽、健康、聪明，她都爱我们——至少我们都有这样的期望，并且需要她这样做。这是我们生命中内在的需求，我们天生就学会了付出忠诚、接受忠诚。

我们都知道，这种希望可能会被辜负，即便这种辜负不是出自母亲，而是朋友、恋人、配偶、孩子，等等。我们知道，情感世界复杂多变，今天的热情可能明天就会化为冷漠或厌恶。在阿塔尔的著名诗集《百鸟朝凤》中有个故事：有个公主十分美丽，但性格反复无常，一次她在路上看到一个可怜的年轻人在路边的石板上睡着了。公主看中了他，并吩咐将他带进宫。女仆们将他从街上带入宫殿，给他洗澡，用珍贵的油膏给他按摩，并让他穿上最好的丝绸衣服，最后把依然惊讶不已的他带到公主面前。两人一同进餐，而对这个可怜的年轻人来说，饥饿是家常便饭，能够填饱肚子已是莫大的幸事。然后，他俩共度良宵。后来公主感到腻烦了，趁这个男人熟睡之际，她吩咐女仆们将他带回最初遇见他的石板上。可怜的年轻人一觉醒来，对前一夜的销魂时光仍然记忆犹新。仿佛黄粱梦醒，他不得不重新面对日常生活的残酷现实。公主已经忘了他，又或许她从未存在过。然而，他的皮肤上还留着精油的余香。

公主的故事可以用来象征上帝的恩典。这种恩典往往出人意料，等你蓦然醒悟，它早已消失无踪，将错愕的我们置于严峻艰难的境地。不过这个故事也提醒我们留意人际关系的脆弱多变，我们永远无法保证他人的忠诚，失望往往是常态。在"分心时代"，忠诚变得更加罕见，但也更珍贵。

除了从母亲的亲情那里能找到忠诚外，还有一个地方就是友谊。霍拉旭对哈姆雷特说："将我放在你心中。"对此斯图尔特·米勒写过优秀的著作，在他看来，这句话就是友谊的最佳定义。将朋友放在心中，不去评判，也不提要求，仅仅是关爱他，想知道他的想法和意见。我们也知道他会乐于倾听、理解而且支持我们。尽管友谊还有其他的促成因素，但其精髓一定在于忠诚。

我们都知道，友谊能治愈伤口，让人获得新生。如果还需要用科学研究来证明这一点，我们不妨来看看这个例子。研究人员曾要求几位郁郁不乐的女性每周向朋友倾诉一次，而不是接受心理治疗。与此同时，另一个对照组的女性则会每周接受治疗。研究显示，对于大多数女性来说，两组抑郁症的治愈速度完全相同。另一个研究指出，建立友谊可以帮助孩子适应学校环境，提高学业成绩。还有些研究表明，友谊对我们的健康和幸福至关重要。

和忠诚携手并肩的还有可靠和信念，这些特质都能促进真诚持久的感情。职场讲求的是可靠与否，在那里你不可能找到亲子之间或朋友之间的那种感情，但是可靠依然是个美好的特质。回想自己可靠与否，我会立即想到两件事情。一件发生在职业生涯初期，当时我要为一个研究所举办为期五天的研讨会，可在研讨会开始之前我就已经筋疲力尽了，所以在头天晚上我决定打电话取消这次活动。由于电话没人接，我用语音留了言，然后就把这件事抛到九霄云外。当时我的专业经验不足，没意识到自己闯了大祸。尽管当时我宽恕了自己，但即便在今天一想到这事我仍然感到不安。

在另一件事中我的表现较为靠谱，事情发生在佛罗伦萨。那天我得举行讲座，可全镇遭受了极大的暴风雪，人们几乎无法出行。在佛罗伦萨下雪的时候，所有事情通常都会暂停，不过这次情况要糟糕得多。天冷到极点，你很难走出家门，公共交通瘫痪了，街上也开不了汽车。我决定无论如何都要赶过去，哪怕是在雪地里步行。结果我花了两个小时赶到那里，向为数寥寥的听众做了演讲。回想这事让我感到很欣慰，我知道我的做法是对的，而我喜欢这样的自己。

这就是忠诚。它的首要原则是，忠于自己。可靠首先是一种内在的协调性。忠诚就是忠于我们自己的感受。当我们忠诚、可靠时，我们会体会到基本的诚信，感到幸福。当我们不忠诚或不可靠时，我们也许能获得眼前的利益，但我们迟早会感到支离破碎和内疚不安。正如前文所说，不宽容可能让我们遭受更大的健康隐患，说谎会让我们有压力，而不遵守承诺、背叛他人或利用人际关系，我们最终会伤人伤己。

忠诚具有极其宝贵的价值，如果我们不尊重它，就有可能步入僵局，所有的计划、发明和见解都可能变得平庸无奇或令人痛苦。传统的哈西德派有个故事。两个年轻人是最好的朋友，其中一个病了，并知道自己来日无多。他的朋友感到绝望，而他本人则平静地接受了这个事实。他牵着朋友的手说："我们无法抗拒死亡，但不要害怕，我会回来见证我们的友谊，向你诉说我的旅程，告诉你我爱你。我不会离开你。"年轻人说完就死了。接着天国的大门在他面前打开，并向他一一揭示伟大的真理。他理解了生命的意义，超越时空的无情束缚，最终到达某个神奇的地方。他已融入永恒之中，可又觉得有点不对，转念间他发现自己再次成为时空的囚徒。他感到压抑，但无法理解其原因。后来他意识到，他之所以觉得痛苦，是因为没有履行对朋友的承诺，没有返回人间诉说他的旅程。现在他还可以这样补救，给朋友托梦。可是过了这么久，他的朋友感觉自己被遗弃了，已经失去了信心。他变得愤世嫉俗，不再相信自己的梦境。死去的这位年轻人还有个办法，他先设法登上最高的"真理殿堂"，然后回到朋友身边讲述他见过的奇迹，并给了朋友天堂之吻。这个朋友获得祝福之后重拾生命的信心，再次找到了信仰。

朋友的忠诚为什么能给予我们力量和希望呢？因为在这种品质中，我们能看到一个人的真实面目。当我们在逆境中表现出忠诚时，就表明我们非常关心对方，并展现出我们本来的样子。在一切顺利的时候，我们很容易忠诚于某人。但如果这个人很难缠、很乏味、无利可图，而你又有其他更有趣或更重要的事要办，我们却依然能保持忠诚,这就能凸显我们的人格。正是在这些时候,我们会显露自己的真实面目。

有时候,我们会在美丽的面庞、态度或语言中立刻感受到忠诚。有时候,忠诚则有待时间的考验。忠诚让善意具备了实质与力量。在这个如此分心和敷衍了事的时代,忠诚无比宝贵。

第 *17* 章

感恩

获得快乐的终南捷径

即使是寻常不起眼的事物，我们也要能看到它的内在价值。要想获得快乐或幸福，这种能力必不可少。有些人似乎应有尽有，但仍然不满足，因为他们对自己所拥有的一切视若无睹，反而一味追逐其他东西或对不愉快的事情耿耿于怀。相比之下，其他人可能并没有那么幸运，却懂得欣赏被许多人视为理所当然的简单事物，例如身体健康、天气晴朗和一个微笑。

很久以前,有个人很讨厌他的工作。他是个石匠,不得不整天劳作以赚取微薄的薪水。"多么讨厌的生活,"他想,"唉!但愿我能成为富人,整天都可以到处闲逛。"慢慢地,他的愿望变得越来越强烈,最后终于实现了。一天,石匠听到有个声音对他说:"你想成为什么,你就能成为什么。"于是,他变得富甲天下,可以立刻得到长期梦寐以求的东西:美丽的房子、美味的食物、美妙的娱乐。

他很开心,直到某天他看到国王带着随从们从身边走过。他想:"他比我更有权势,我多么希望成为他那样的人!"他再次听到了那个声音,然后变魔法似的,他成了国王。现在,他是世界上最有权势的人。他发现，权力多么令人开心啊！所有人都服从他、害怕他。他感到很高兴，但没过多久，不满又渐渐地攫住了他的心灵。"我想要更多的东西，"他想，"我想要，我想要，我想要！"然后他看到天空中的太阳，心想："太阳比我更强大，我想成为太阳！"

然后，他成了太阳，强大而明亮，统治着大地和天空。没有他，万物都无法存在。多么幸福！多么重要！但后来，他发现下面的云层挡住了他的风景，它们轻盈地在空中飘荡，可以变幻成无穷的样式。在日落时分，它们会染上最绚丽的色彩。这些云彩无牵无挂，极其自由，太令人羡慕了。

不久后他再次听到那个声音说："你想成为什么，就能成为什么。"于是他立刻变成了云彩，飘浮在空中，来去轻盈，变幻万端。这真是太好了！他乐意变成各种不同的形状，有时乌云密布，有时皎洁如雪，有时粲如锦缎。但最终，云朵都会凝结成雨点，落在花岗岩上。

他想："成为岩石多好啊！"多么了不起的东西！岩石存在了上千年，那样坚硬，那么结实。相比之下，小小的雨点溅在花岗岩上，流到地上，渗入泥土中，永远消失了。

然后，他立刻变成了岩石。他为此高兴了些日子。他觉得找到了安心丸，感到非常安全。"原来，我想要的是安全和稳定，现在没有人能够把我从这里夺走了。"他想。现在，雨点滴在岩石上，从四面潺潺地流下去。这是很美好的使命，是生命的礼物。阳光温柔地爱抚着他，让他感到无比惬意。同时，风儿让他精神振奋，星光俯视着他。他达到了完美的境界。

但其实没有。有一天，他看到有人从远方的地平线走过来。这个人微微弓下身子，手里拿着大锤，原来他是个石匠。石匠向他举起了锤子，他不仅觉得疼，更感到悲痛。这时他发现石匠比他更强大，能决定他的命运。"我多么想成为石匠。"他想。

于是，这个石匠又重新变回了石匠。在满足了各种愿望以后，他再次变成了当初的样子。但现在他很开心，对他来说，凿刻石头已经成了一门艺术，锤子的声音犹如音乐。每天结束时，他虽然很疲劳，但因为出色完成了工作，他拥有满满的成就感。那天晚上，他做了个美梦，梦见他凿刻的石头正被用来建造教堂。在他看来，没有比石匠这个职业更美好的了。这是个奇妙的发现，他知道，他会永远记得这个启发。这其实就是感激之情。

故事中的石匠实现了一次彻底的转变，从"我想要这个，我想要那个"的焦躁和不满状态变成了"我感谢我所拥有的东西"的感恩状态。在前一种状态中存在着对立，因为我们想要我们没有的东西。我们会索取，并觉得自己有权这样做。有时候我们会疯狂甚至傲慢地索取，但当我们得到它们以后，我们又会渴望别的东西。我们觉得其他人是我们的竞争对手，并因此对他们充满怀疑。

在后一种状态中，我们接受了现状。我们觉得这正是我们长久期盼的时光，生活因此变得充满意义。其他人是我们的朋友，而不是对手。我们觉得身体的每个细胞都在说"谢谢"。威廉·布莱克说得很好："感恩就是天堂。"

感恩包含的强烈而纯粹的情感总是会打动我们，但情感只是其中最明显的一面。感恩其实是一种心态，基于我们承认生命所赋予的价值这一前提。以前毫无价值的东西现在具备了价值，这种感悟让我们释放情感。

如果我们认识到自己现有东西的价值，就会感到富裕和幸运。如果认识不到，则会感到贫穷和不快乐。石匠最初的那种心态在我们身上很常见：不满啃噬着我们的心灵，每天的生活都充满怨言。根据某些心理学家的看法，抑郁不是源于我们遇到的事情，而是源于我们反复的自我暗示，亦即我们内心的独白。如果我们不断批评自己和他人，只看见错误并为自己感到难过，我们肯定会郁郁寡欢。

即使是寻常不起眼的事物，我们也要能看到它的内在价值。要想获得快乐或幸福，这种能力必不可少。有些人似乎应有尽有，但仍然不满足，因为他们对自己所拥有的一切视若无睹，反而一味追逐其他东西或对不愉快的事情耿耿于怀。相比之下，其他人可能并没有那么幸运，却懂得欣赏被许多人视为理所当然的简单事物，例如身体健康、天气晴朗和一个微笑。

在生命的每个瞬间我们都有机会感恩，然而我们经常错失这种机会。这是因为，如果要感激的话，我们必须放下戒备，但这种做法很冒险。我们必须放下自己的骄傲才能认识到我们的幸福依赖于其他人，但很多人不喜欢依赖他人。我有个熟人无法接受礼物，每逢别人给他赠送书籍或领带时，他都会害怕欠债似的将它搁置起来，因此他无法喜欢那本书或那条领带，也无法向别人敞开心扉。

感恩就是让他人了解我们。记得几年前,有个在欧洲旅行的澳大利亚朋友前来探望我们夫妻俩。我们决定带她前往列奥纳多·达·芬奇的出生地,于是那个晴朗的九月午后,我们在橄榄树丛中纪念这位天才。郊游结束时,这位朋友用一句简单的"谢谢你"向我们道别。在那个瞬间,她的眼神中流露出纯粹的感激之情。我们没有做任何特别的努力,却非常开心。她很享受这次郊游,觉得很充实。在接下来的几年里,我们和她见过数次面。现在每次想到她,我都会想起那天的情景,记得那个感恩的瞬间。为什么呢?这是因为,当我们满怀感恩之时,所有的铠甲都会脱落,我们会展示出真实的自我。在那个瞬间,我洞察到了那个最真实的她。

顾名思义,感恩与英雄主义是不相容的,它不依赖于勇气、力量或才能,而是基于我们的不完满。如果我们不将它隐藏起来,我们就能领受生活的美好馈赠,满怀感激。感恩之心会让我们非常释然,因为我们认识到自己无须独自应付一切,无须努力成为超人。即使不太耀眼,我们也不妨做真实的自己。

但请稍等,我们是否必须感谢每一个人,比如深夜播放超大音量的摇滚乐的邻居、不公正的罚款,或者吐口香糖粘我鞋跟上的那个人?如果我的儿子吸食毒品,或我的生意受损,又或者亲人患有无法痊愈的疾病,我是否仍应该心怀感恩?这触及问题的核心了。我们如何面对生活中如影随形的邪恶?如何应对那些看似遥远却又近在咫尺且从未消失的悲剧,比如受虐儿童、受尽折磨的政治犯、永无止境的战争、饥饿和缺水,以及四处横行的灾难和痛苦?

感恩并不意味着自己享受快乐却遗忘他人。世界充满邪恶,所以你应与众人休戚与共，这样的体悟才是真正的感恩，否则只是消费主义或虚假肤浅的乐观精神。虽然奇怪但不容否认的是，如果事事顺利，我们会理所当然地认为生活本来就很美好，而不会充分感谢生命的恩赐。我们会像被宠坏的孩子，因为收到太多的礼物而感到无聊。事实上，生活中的重大事件有时会让我们感激不尽。

有这么一个悖论：只有生病后我们才会重视健康，争吵又和好时才重新发现友谊，临近死亡时才开始热爱生活。这也发生在更广泛的层面。某个在线研究项目曾经要求4817名受访者评估自己的个性。比较受访者在"9·11"事件之前和之后两个月所做的回复，你会发现这七种品质出现得越来越多：感恩、希望、善良、领导力、爱、灵性和合作精神。恐怖袭击事件发生10个月后，这种趋势仍在持续，但有所减缓。我们当然不希望这种悲剧发生在任何人身上，不过有时候它确实能唤醒我们沉睡的品质。

幸运的是，很多时候感恩要容易得多，只需要我们仔细观察即可。在人生隐藏的褶皱中，我们可以找到被遗忘或未知的宝藏。由于缺乏时间或关注，我们无法欣赏这些宝藏。它们是生命的礼物，有些看似平庸无奇，有些则非常特殊。如果我们不够专心，就会错过它们；但如果我们留心，就会收获快乐。

我的儿子埃米利奥用他的积蓄买了成套的模型飞机，可打开盒子时，他大失所望：盒子很精美，但模型令人失望，材质也很差，说明书含糊其辞，整套模型仿佛是个赝品。埃米利奥很不高兴。我能理解他的感受，这一点他和我很像，低劣的质量激怒了他。我不知道该怎么办。我想安慰他。我应该把他花的钱补给他吗？还是给他买些更好的模型飞机呢？我犹疑不决，没有采取任何行动。埃米利奥也不再理会这件事。几天后，他的朋友安德里亚碰巧在我们家里看到了飞机模型："哇！好漂亮的飞机！多美的颜色！伙计，你太幸运了！你怎么还没有把它们组装起来？"我打量着埃米利奥的神情。我意识到，他的大脑在飞速运转，感恩指数也在快速飙升。随后，这两个男孩开始动手组装。虽然质量很普通，但这并不重要，他们也完全没有参考说明书。几分钟以后，孩子们就在花园里玩飞机了。以前的赝品现在成了无价之宝，难道我们不能以同样的态度对待自己的"小飞机"吗？

我们可以！而且，如果我们这样做，就会发现感恩能改善我们的健康和提升效率。最近某项研究将受试者分成三组，第一组必须记录一周内的烦恼和挫折，第二组必须记录所有重大事情，第三组必须记录五件让他们感恩的事。这个过程持续了整整10周。在试验过程中，这些受试者的分组是随机的。最后的结果表明，记录下感恩事件的受试者对自己的生活感到最满意，对未来最乐观，身体最健康，并觉得大大接近了自己的人生目标。因此，感恩似乎不仅能让我们更幸福，也能让我们更健康、更有效率。

我们无须对这个发现感到惊讶。心怀感恩的人能够认识到内在的富足，并对人际关系感到满意，而这是身体健康的基础。每当我的客户心怀感激之时，我就知道他已经痊愈了。对我而言，这是了解他人是否健康的最明确标准。这表明他的沟通渠道已经敞开，既不高估自己（因为他知道自己需要其他人的帮助），也不低估自己（因为他知道自己配得上所拥有的东西）。这也意味着他能意识到自身的真实处境，能欣赏生活中的美好事物。人生至此，夫复何求？

善良而不感恩是危险的，或者是不可能的。如果我们不懂得接受现状，不对自己得到的东西心怀感激，那我们就很难善待他人。我们会以恩主的身份自居，认为每个人都应该感激自己。我们甚至会提醒别人留意自己的善行，期待着他人的感激，并因此变得居高临下。此外，我们也很难欣赏那些微妙、看似微不足道的事情，例如一个微笑、他人半小时的陪伴或风趣的言辞。我们会变得只重视具体而明显的礼物，例如手表或钢笔，但善良并不是资产负债表。

我们很容易忘记感恩，但也很容易被唤醒感恩之心。不妨做个有趣的实验，想想你在生活中应该感恩的人，也就是所有重要的人。这个实验的难点在于，我们感激的人往往也让我们感到不满，例如我们的父母。不满通常会抑制感恩之心，但这个实验的关键点是，无论指责的理由多么充分，我们都应该放下指责，专注于美好的事物，无论它多么微不足道。

现在来想想生活中那些让我们感激的人。尽管我们可能没有完全意识到，但很多人（比我们想象的要多得多）可能都帮助过我们：父母、朋友、老师、恋人，以及对我们或恩重如山或滴水之恩的所有人，比如每天送邮件的邮递员、幽默的出租车司机。

如果稍加思考，就会发现事情远远超出我们的预期，因为生活中充满大大小小的恩惠，而不仅仅是粗鲁和傲慢。的确，我们每个人都被不公和愤怒伤害过。我们非常清楚这点。由于它如此显而易见，以至于我们忘记了这样一个事实：即使那些自认为最不幸和孤独的人也会与其他人交往，因为没有他人的帮助，我们谁都无法存活。

当我回想生活中每一个使我心怀感恩的人时，我发现一件很有趣的事：我意识到我拥有的所有东西都来自别人。我从父母那里获得了充分的帮助，老师教给我工作的基本技能，并为我提供了想法和灵感，朋友帮助我建立自信，同事教会我专业诀窍。其他人为我开启了我几乎从未想到过的世界，或者教会我照顾他人的意义。妻子和孩子们给予我关爱和满满的惊喜。而这仅仅是个开始，随着不断成长，我意识到自己拥有的所有东西——财产、能力、性格、想法——都来自他人或受到他人的启发。

我逐渐意识到，我房子的每块砖头都是别人给予的，反过来，我也协助他人修建了许多房屋。然后我会产生怎样的感受呢？我的骄傲是否会受到伤害？我的自给自足是否会受到威胁？我是否欠每个人的人情债？绝非如此。相反，我对自己和他人的看法会发生改变。我们所接受的教育认为，每个人都拥有明确的界限，我们需要卷起袖子好好努力，以便完善自己并创造价值，这就是西方文化。有些人甚至认为他们不欠任何人。这就跟台球差不多：每个独立个体周围都是其他的独立个体。

但这幅景象是虚假的。事实上，我们更像具有渗透膜的细胞，需要不断地与其他细胞交换养料并依赖于它们。感恩就是如实看待我们的真实处境。借方贷方的观念属于会计范畴，也属于撞球心理，而在真实的人生中，交换不但连续不断，同时决定了我们的为人和生活方式。一旦开始这样思考，我们会感到更轻松，并意识到感恩不再是个特殊的事件，而是最基本的感受。忘恩负义意味着冷漠和疏远，而感恩则意味着温暖、率真和亲密。然后，生活就会变得简单多了。我们不再急于证明我们有多聪明，也不再嘀咕和抱怨，不再进行血腥的战斗，也不必尝试取得不可能的胜利。我们会发现，幸福已然降临。它已经存在，只是我们未曾察觉。幸福就在我们眼前。

第 *18* 章

助人为乐

美 好 的 机 会

我们很容易将帮助他人视为牺牲，因为它需要我们投入时间和精力。但事实往往相反，帮助他人不只对受者有利，对施者也有益。我们暂时放下了自身的需求、担忧和抱怨，因为有其他的工作要做。正是这种自我超越的能力帮助了我们，它将我们从自我监禁中解放出来。我们可以找到一个重要的出路，那就是照顾他人，关心他们的困境并伸出援手，借此我们可以通向自由。

我站在吧台旁等我的卡布奇诺，身边有位年轻漂亮的女士。她满头红发，脸上长着雀斑，显然是个外国人。她也点了卡布奇诺。酒吧服务员是个年轻人，留着黑色的卷发。他若无其事地放下她的咖啡，咖啡泛着迷人的泡沫，中间是完美的心型奶油。我瞄了下红发女郎的反应，她很惊讶，她可能不习惯于在早餐时收到心形祝福。但服务员什么也没说，甚至都没有看她。随后，我的卡布奇诺也端上来了，没有心形，只是很普通的卡布奇诺，和其他人的咖啡没有两样。它仅仅是一杯普通的咖啡而已，没有传递出爱的信息。

我得承认，我对这两个人稍稍有点嫉妒。但这并不重要，重要的是他们内心的秘密世界。我不知道这个故事的续集，只能凭空猜测。如果做一个玩世不恭的假设，那可能就是，每当有漂亮的女孩出现，男服务员就会反复玩弄同样的伎俩，而且迟早会吸引到其中某个女孩。那个听惯了甜言蜜语的红发女郎也许并没有太在意，但我相信事实并非如此。我宁愿相信那个女孩离开酒吧后，带着飞扬的心情参观了小镇的旅游景点。虽然小镇对络绎不绝的游客来说太一视同仁而且显得冷漠，但也许在那天，她更多地领略到了这个小镇的魅力，更开心，而这完全是因为在无限的可能性中，爱的精神以卡布奇诺的形式出乎意料地降临到她身上。

也许红发女郎很多年都会记得这个小插曲。当别人以独特的方式善待我们，我们很可能会记很久，也许铭记终生。例如，在我小的时候，母亲和姨妈曾带着妹妹和我穿越美国。在以前，这样的旅行很少见。对于首次去那里旅行的人来说，美国是个陌生的国家，甚至可能有点危险（或许是我们这样觉得），而且我们不太懂当地的语言。我们搭乘火车前往，并且不得不在芝加哥换乘，可到了芝加哥站，我们才得知转乘的火车分属另一个公司，我们得去另一个地方换乘。在这个陌生的城市，我们只有一个小时的换乘时间。

那是一次非同寻常的奇遇，我们最终及时赶到了。我永远都忘不了那吱吱作响、摇摇晃晃的电梯，它的下降速度非常慢，仿佛永远也停不下来。电梯里有两个女人和两个孩子迷路了，惊恐不安。我记得有几个人和我们说话，让我们感到很温暖。他们给我们指路，并告诉我们该怎么办。有些人跟我和妹妹说话，有个人甚至还将布娃娃送给她，因此我们不再感到手足无措。在那架吱吱作响的电梯里，我们仿佛进入了新的世界，心中充满宁静并感到无须匆忙。许多年以后回想起这件事情，我仍然满怀感激。

在我们所能回想起来的众多故事中，最具吸引力的一点就是，我们其实有各种方法给他人带来快乐。来看几个例子：

朋友开的玩笑让你振作精神。

当你需要时间和安宁时，有个好心人主动提出照顾你的孩子，替你整理房间，并准备晚餐。

你牙齿疼得厉害，牙医快速地帮你解决了，而且完全不痛。

有人倾听并完全理解你，你感到心平气和。

某位老师或心灵导师激发出你从未意识到的能力。

一本书为你打开了新的视角。

音乐会上的音乐极其美妙，令你感动并发生改变。

如此等等。我们可以通过无限多的方法给他人的生活带来好处、轻松、快乐、希望、福祉、喜悦以及智力或精神上的成长，当然，这些方法可能含蓄或明显，微小或巨大，偶然或持久，粗浅或实用。在自私和充满争斗的污秽世界里，这种关系并非天使般的例外，相反它很正常，已融入我们的日常接触之中，并源自我们善良的天性。这就是助人为乐。

令人欣慰的是，举手之劳也可以帮助到他人，例如为某个人开门，给予别人热情的赞赏，或者在公交车上让座。在希伯来故事中，雷布纳奇是个自私的商人，整天只想着赚钱和欺骗别人。一天晚上，在坐马车回家的路上雷布纳奇看到路边有个可怜的农民，他的推车陷入了泥泞之中。他竭力推车，但单单靠他自己无法将车推回路上。那天是安息日，这个农民穿着最好的衣服，但他疲惫不堪，非常丧气，因为他推不动车。雷布纳奇看到后便从马车上下来帮他。在两个人的共同努力下，问题轻松地解决了。当他们告别时，雷布纳奇注意到农夫的衣服上有点污泥，他几乎不假思索地将它掸下来。"现在你可以迎接安息日的盛宴了。"说完这话他就离开了。事后雷布纳奇依然过着原来的生活。

许多年以后，雷布纳奇去世了。他来到上帝的审判庭前，有的天使指责他，有的天使为他辩护。指责他的天使通过审视他的生活发现了很多污点，比如他聚敛财富，从不照顾妻子和家人，没有朋友，没帮助过社区，不仅欺诈他人，而且还滥用权力。天使把这些行为全部放在善恶的天平上，磅秤重重地朝恶的一端沉下去。此时，为他辩护的怜悯天使不知道该怎么办，他再三审视雷布纳奇的生活，没有发现任何善行，没说过任何善意的言语，也没关心过任何人。但突然之间，他看到了他帮农民推车的善举。无奈之下，他只好将整个推车放到了天平上。天平来回晃动不停，在某个瞬间天平似乎就要平衡了，却再次向恶的那端倾斜下去。怜悯天使不知道还能做什么，最后，他看到雷布纳奇从农夫的衣服上掸掉泥点。这完全是微不足道的善举，不过怜悯天使还是将那块小泥土放到了天平上。奇迹出现了，天平发生了变化，雷布纳奇得救了。你永远不知道微不足道的善事可能会产生多么巨大的结果。

我们很容易将帮助他人视为牺牲，因为它需要我们投入时间和精力。但事实往往相反,帮助他人不只对受者有利,对施者也有益。商业界通过科学严谨的系统研究发现了这个道理,并且越来越多的研究证实,助人为乐显然是很划算的事。如果你善待客户,他们可能会再度光临,成为回头客的概率增加,反之则减。多少次,我们必须在餐馆等待好长时间才能吃上饭菜;商店店员以最漠不关心的态度接待我们;购买产品时我们以为其质量可靠,最终却发现是鸡肋商品。尊重客户,企业会获益无穷。企业的第一任务就是减少"恐怖分子",即那些不满意的客户,因为这些客户不仅不会成为回头客,还会毁掉该公司的声誉。事实证明,不满意的客户平均会向19个人谈到他们的负面经历。第二个任务就是增加"热心门徒",也就是满意的客户,他们不仅会成为回头客,还会帮你免费宣传。让客户成为回头客的最有效途径也许就是:

- 信守诺言,按时交付货物

- 灵活应对特殊要求

- 及时伸出援手

- 友好而热情,让客户放心

- 诚实,绝不说谎

- 表达善意,对待客户尊重有礼

当然,为做生意而善待客户并不是无私的善意,而只是深谙生意之道。然而,我确信哪怕怀有私心的善意也比无私的粗鲁要好。我还相信,为了诸多好处而假装善良的人们,最终会真心行善。

然而，就像所有的美好事物一样，帮助他人也伴随着危险和磨难，最常见的一种是索取代价。有些人会把做过的善行贴上价格，然后向你提交账单，甚至是在时隔多年之后。在我担任心理治疗师期间，当客户谈论起他们的父母时，我听到最多的就是怨愤。抱怨最多的是什么？是压力、虐待、忽略、屈辱，还是威胁？这些都是，但最常见的抱怨却是，父母老把自己为他们做的一切挂在嘴边。听父母唠叨给予他们的恩惠、牺牲和努力，这让人觉得受不了。不过这是自然而然的事，父母都不希望孩子将他们的付出视为理所当然。为人父母并不容易，既得不到认可，也没有报酬，最终孩子们甚至不会对此心怀感激。可是为什么这些子女的反应会如此强烈呢？因为之前父母的付出是无私的，现在却要求回报。这样一来，以往的所有善意都化为乌有。这就像你无数次认为这些善举是无偿的，并安心接受了它们，但后来你意外地发现，你必须付出代价。自然而然的礼物成了待还的账单，于是它的原始魅力也突然消失了。

我们来看看相反的情况。有人帮助了你，或许是因为忙着四处行善，她不但没有提醒你，甚至根本不提她所做的好事。这个人并不过分在意自己，因此并不沉闷或严肃，甚至很幽默。事实上，如果你受到恩惠，而且没有人不断对你耳提面命，那么你就更能享受它，因为你不会感到亏欠、内疚，或需要为自己辩护。也许你从未留意他人对你的付出，包括他们的努力、奉献，甚至可能承担的风险，这样很不妥，但假如没有人揪住你的衣领，要你给予回报，你的内心就会拥有更多的自由。在以后，也许是在遥远的未来，你很可能会突然意识到自己曾获得的善意，感激之情也会油然而生。

还有个问题就是，帮助他人本质上就是忘记自我，但我们往往将其变为炫耀自我的机会。我们将自己放在中心位置，迫使别人觉得有义务感谢我们。这就仿佛将你置身于一所特别的房子，墙上挂满文凭、证书以及主人和许多名人合影的照片，此外还有些特版书籍和其他东西炫耀着主人的高雅品位、伟大之处和显赫地位，不由得你不叹服。可是你会感到心灵振奋、充实或富足吗？绝对不会。

无论如何，用房子的隐喻来表达人际关系很合适。不妨来想象下，这座房子并没有那些自命不凡或以自我为中心的东西，而是格外阴森荒凉：生锈的钉子露了出来，地板也已松动不堪，一不小心你可能会伤到，墙上的壁画惨不忍睹，好几个房间禁止入内，椅子也不舒服。再想象一个气压低到令人喘不过气来的房子，里面处处弥漫着尘埃、混乱、沮丧和阴郁的气息。当然也有很多快乐的房子，充满了温暖的氛围，你一进门就会感到非常轻松。主人给你端上食物和饮料，你发现了各种有趣的事物：书籍、图画、小雕像，在这里，你觉得自己是个受欢迎的客人。

房子就像人一样，帮助他人也是，不管你具体做了什么，重点在于你的本性。有些人光是露个面就能让大家开心、更贴近自我、更快乐。其他时候，他们同样美好，但其影响力则更偏理性的一面。我读高中时有位优秀的哲学老师，他很少按照大纲教学，常常会责备那些靠死记硬背学习的人，并称赞那些有原创想法的人。对他而言，感动人心并能改变生命的书比指定教材更有吸引力。他会谈论当前的事件、政治、当代思想，也谈他当自由斗士的个人往事。在他的课堂上，学生永远是聚精会神的。

他的这些课对我产生了非凡的影响。他教会我用自己的脑袋思考问题。这就好比我之前住在大房子中的一间小阁楼里，可后来发现整个房子都是我的，现在我可以进入所有的房间。在以前，我也会关注各种想法，但那就像吃饭一样，别人端上什么我就吃什么，几乎在眨眼之间，我发现自己拥有了思考的能力。

也许我的创新想法与某些权威发生了冲突，但它依然是很美好的礼物。这并非源于任何特定的教学课程，而是这个教授传递出来的智力热情。在第二次世界大战期间，他加入了意大利抵抗军，与法西斯分子和纳粹分子作战。他厌恶任何形式的霸权主义和独裁统治，热爱思想自由，并宁愿屡屡为此去冒生命危险。这种热情已经融入他的生命之中，他甚至可能没有意识到这点，但他身上散发的这些特质感染了周遭的每一个人。

从他身上，我们可以看到一个基本事实：我们散发出来的气质显示了我们当前的生命状态，而这种状态是我们多年来努力的结果。这位教授之所以能传递他对自由和智力活动的热情，是因为他培养了它们很多年，并甘愿冒着生命危险来尊重和保全这些价值观。如果他没有将它们视为珍宝，他就无法传达它们。

让我们来逐步看看这个过程：

1.在生命中的任何时刻，都可能会有人来请求帮助，或需要我们提供服务，我们只需要留心即可：为孩子们辅导家庭作业，给人指去车站的路，为濒危的自然环境疏解痛苦，照顾奄奄一息、被人遗忘的老人。

2.如果我们对别人的需求无动于衷，可能会感到不安。而为了做出回应，我们就必须培养相应的能力：为了帮助孩子我们需要拥有耐心，为了保护大自然我们需要拥有适当的知识，我们还必须设法找到即将孤独离世的老人，知道前往车站的路线。

3.我们需要终生不断努力，去激发我们未曾觉察的潜力，从而发现并培养必要的能力和知识来做有益的事情。我们不仅要知道通往车站的路线，还要能清楚地说出来，并愿意好心地停下来给予指引，即使我们当时非常匆忙。我们所展示的都是自己努力的成果。如果我得举办讲座，为了让听众从中受益，我首先就需要钻研课题，扪心自问如何才能激发听众的兴趣，并针对该课题孕育出若干原创性想法。我还必须克服在公共场合讲话的焦虑，营造愉快而有趣的氛围，并培养与听众互动的能力。

比方说，如果我正在照顾行将离世之人，某种程度上我必须克服自己对死亡的焦虑。即使我想逃走，也必须留在现场，面对最难受的疾病，面对近距离的肢体接触，诸如此类。这整个过程会改变我，让我变得更加充实，并让我更多地发掘自己的能力。

4.主动帮助他人能给我们带来回报，我们可能会获得感激和钦佩，并心满意足地回家。但通常情况并非如此。无数父母为孩子做出了许多牺牲，但是孩子们长大以后会忘记或虐待他们。医生、教师、护士、商人们毕生致力于为公众提供服务，但这些公众往往将他们的服务和牺牲精神视为理所当然，不仅爱颐指气使，还动不动爱打官司。厨师可能需要花几个小时来准备可口的晚餐，但顾客会在几分钟之内吃掉，甚至半句赞美也没有。许多志愿者也经常要忍受等待、无聊，以及别人的冷漠甚至敌意。

这是帮助他人过程中的关键阶段，因为此时我们需要接受考验。如果我们的真实目的是获得钦佩和认可、表明我们多么善良，或积累品行积分，那我们迟早会放弃。相反，如果我们的动机是帮助他人疗愈、快乐并找到自我，而且我们知道该怎么做才能让对方不断成长，那我们就会坚持下去。帮助他人可以净化我们自己的内心，让我们变得无私，并因此更加自由。

以上就是帮助他人的过程。如今，我认为有个事实是显而易见的：提供帮助不仅有助于接受的一方，还有助于提供的一方。无论是谁提供帮助，为了达成目标他都必须自我提升，必须考虑他人而不仅仅是为自己着想。在自我提升的过程中，他发现自身行为的价值，进而增加自尊心，找到生活的意义，并与他人产生关联。他不可避免地会遇到挫折、失败，或者对方不知感激，一旦他的动机经受住考验，他会因此变得更强大。

帮助他人会使我们展现出最好的自我，即使在日常生活的小事中也是如此。我家附近有个声名狼藉的邻居，我俩算点头之交。他体型魁梧，大约三十岁，长得像只猴子，始终神情阴冷地走来走去，那模样吓坏了很多人。我听说他曾惹过官司，大家都对他敬而远之，不时投去怀疑的目光。有一天，我匆匆忙忙地开车去赴约，可刚刚出门轮胎就爆了。我拿出千斤顶，发现它也坏了。我在路边徘徊，内心越来越焦急，正好这个邻居开车经过，路上再没有别的人。他主动提出帮助我，片刻的犹豫之后我接受了。他立刻为我更换了轮胎。令我印象深刻的是，他几乎完全变了个样子：在几秒钟内，这个和社会格格不入的危险人物开始露出微笑，流露出人性的善意。他几乎不费吹灰之力就展现出最好的自我，而他最好的那面是什么模样，或许从来没人知道，包括他自己。而他之所以这样做，是因为他觉得可以帮到别人。

许多研究表明，帮助他人会产生积极的影响。例如，对心脏病患者就有益，因为它可以祛除两大危险：沮丧和孤单。在越南战争的退伍军人中，人们发现那些乐于助人的人较少出现创伤后应激障碍——一种纠缠病人多年不放的抑郁症。与此同时，那些在较为危险的生物医学研究中充当志愿者的人，在研究结束二十年之后仍保留着较强的自尊心。而另一项针对志愿者的研究衡量了个人幸福的六个方面：开心、满足感、自尊、自律、身体健康和没有抑郁症，结果发现那些从事过志愿者的人在这六个方面的指标都有所上升。

不过帮助他人所带来的最重要的影响远远超出了这些实际利益和统计数据，那就是我们自身发生的深刻变化。我们开始拥有开放的心态，并能敏感地察觉他人的需求和问题，从而随时乐意提供大大小小的帮助。例如，我还住在城里时，有一天门铃响了，打开门后一位陌生的老人劈头盖脸就说："你的车灯没关。"

"谢谢你，但你怎么知道是我的车，还知道我住在这里？"

原来他看到汽车座椅上有一封信，信封上写着我的名字和地址。我不禁想象，如果是我置身那个场景：路过时看到一辆车没关大灯停在那里，我是会继续往前走，并且庆幸这种事没有发生在我身上呢？还是像这个男人那样，为此做些什么呢？我意识到，这是生活给我带来的机会，怎么做全倚赖我的选择。明天会有新的机会出现，也许有个朋友感到很孤独，有人需要我帮忙做晚餐，有个孩子需要我的安慰，到时候，我将随时准备好去帮助他人。

拥有这种基本态度以后，某种程度上我们就超越了自我。我们暂时放下了自身的需求、担忧和抱怨，因为有其他的工作要做。正是这种自我超越的能力帮助了我们，它将我们从自我监禁中解放出来。我们通常会局限于自身的希望和痛苦，这是每个人的自我监狱。无论梦想多么有趣，到头来它都会限制并压迫我们。如果它充满噩梦和可怕的回忆，我们会发疯。但我们可以找到一个重要的出路，那就是照顾他人，关心他们的困境并伸出援手，借此我们可以通向自由。

但是，要帮助他人还有很多障碍需要克服。比如，在帮助他人时，我们会认为自己能做的一切都是无用的，因为世界充满了不公正，人们滥用权力，到处都是疾病和不幸。无论我们做什么，效果都是短暂而无足轻重的，或根本没有用。而且无论我们喜不喜欢，我们都帮不上忙。帮助他人迟早会让我们直面这一问题：我们到底有没有能力影响他人？我们能让他们活得更好吗？还是面对他们的困境时，我们只能束手无策？

也许我们应该换一个更深入的角度来思考。我们的世界充满了微妙的互动和不可预测的突发事件。佛陀说过一个故事。有只鹦鹉想要拯救森林中陷入可怕火灾的动物，它潜入河中，然后飞到火焰上方猛拍翅膀，希望身上的水滴能将大火浇灭。这当然是杯水车薪。火越来越大，无情地威胁着动物们，它们惊恐地尖叫着。而鹦鹉浑身是灰，累得筋疲力尽。我们会发现自己有时也会陷入束手无策的可怕境地，并感到力不从心。可鹦鹉还在继续努力，后来一向对凡夫俗子漠不关心的众神也被它的善良和英勇打动了，众神的感动之泪化成雨水落下。这场善意之雨将大火浇灭，拯救了那群受惊吓的动物。在熊熊烈焰中，一只小鹦鹉的奉献精神最终取得了胜利，这是心灵的胜利。

第 19 章

快乐

我们的自然状态

天神想要奖励一个人，因为他非常善良而且动机纯粹。天神命天使找到他，问他想要什么，并且答应无论想要什么都会让他如愿。然后，天使来到这个善良人的面前，告诉他这个好消息。他回答说："哦，但我已经很快乐了。我想要的都已经有了。"天使解释说，对神必须机智一些，如果他想给你礼物，你最好接受。然后这个善良的人回答说："既然这样，我想让所有接触到我的人感到快乐，不过不要让我知道。"

有没有"快乐专家"这个职业呢？我相信有。据我所知，精神综合创始人罗伯托·阿萨吉奥里就属于最了不起的快乐专家。不仅因为他研究过快乐，更重要的是，他是快乐的化身。我见到阿萨吉奥里时，他长着白胡子，像只又老又瘦的兔子。满屋子堆放着书籍，桌上有个标明了天空中所有恒星的球体。他看上去就像原始社会的智者，可实际上是个精神病学家，他首次将精神分析引入意大利。但是，精神分析并不能让他满足，因为精神分析过于关注病理。阿萨吉奥里非常关注美、爱、信任、和谐、冷静和快乐等积极的品质，对他来说，我们真正的本质就是意识的中心，它是自由的，比我们可以感觉到的任何痛苦或绝望都更为深刻。找到这个中心会让我们感到快乐，它是我们的自然状态，也是我们的最终目标。

我在本书中的很多观点都汲取自阿萨吉奥里。他过去做了大量笔记，针对每种品质都保存了单个或多个文档。对他而言，这些品质不是抽象的概念，相反，它们拥有鲜活的生命。如果这些品质是有生命的，那么我们就可以遇到它们，并与它们为伴。它们可以用特殊的音符感染、鼓舞、引导我们并赋予我们灵感。

第一次听到这个观点时，我非常怀疑。对我来说，类似冷静或勇敢这样的品质不过是个概念而已。它可能是个好概念，或只会在布道或做评价时被提及，例如"你必须要勇敢"或"你应该冷静下来"。但是对阿萨吉奥里来说，接触每种品质就如同吃掉冰激凌或散步那样具体。没过多久我意识到，所有这些品质都是他生命的组成部分。有个世界是我全然无知的，也是被我们金钱至上的文化所忽视的，那个世界充满微妙而主观的看法，并且会发生能量交换。我开始明白，我们所有人都在散发自己的本质，可能是冲突和愤怒，也可能是和谐与冷静。我们周围有个能量场，这个能量场和其他人的能量场会相互影响。正是因为这个原因，在阿萨吉奥里进入房间时，房间里每个人的心情都会立刻好转。

起初，我觉得这似乎回到了充满魔力、万物有灵的世界，但阿萨吉奥里不是这个意思。他的意思是，必须要把这些现实视为电磁波之类的物质，电磁波尽管是无形的，但可以传输声音、图像，因此也可以传输想法和感情，就像在电视中那样。因此在每次冥想后，阿萨吉奥里会提议进行"照耀"，也就是几个世纪以来各种灵性传统所说的"祝福"。在冥想中，我们赋予自己新的正能量。但是，如果我们不分享这种能量的话，我们的精神可能会堵塞，因此传输给他人是有益的，所有好的东西都应该流动而非储存起来。阿萨吉奥里采用了佛教准则：众生有爱，众生有情，众生喜乐，众生安宁。

有一天，我和他一起闭目冥想，我们双双达到了"众生喜乐"的境界。我睁开眼睛看阿萨吉奥里，他正全神贯注地冥想，沉浸于喜乐之中。我从未见过有人这样明显而强烈地散发出喜乐，而眼前这个人曾在战争年代中遭受过迫害，失去了儿子，因观点新奇饱受嘲笑……我怀着科学的好奇心观察他，但很快就被他的快乐感动了：当我观察他身上的快乐时，我感到自己的内心也涌动着快乐。阿萨吉奥里虽然闭着眼睛，但肯定也察觉出我在看他，于是他睁开眼看着我。那个瞬间无比美妙！我意识到两个人可以在快乐中相遇，在这种快乐中，我们既不想争强好胜或谋取利益，也不想去证明什么。这就是存在本身的快乐。

从那天起，这几乎变成了我俩之间的惯例。无须任何言语，每次我与阿萨吉奥里共同冥想，就在达到"众生喜乐"的那一刹那，我俩都会睁开眼睛在快乐的波长中相遇。这是我受到的最宝贵的教诲。在那之后，我又多次失去或重获快乐。不过我从未想过我可以永远拥有快乐，或者可以用意志唤起快乐。和其他人一样，我常常在悲哀和怀疑的幽暗小径上徘徊，但有些事情已经永远改变了。快乐始终是常态，充满了神奇的可能。

快乐，或者至少一种乐观的心态，是善意的核心。不妨想象当你接受别人不情不愿的善意举动时，你心里会怎么想？比如说，有人提出开车载你回家,但一路上都很生气;有人给你做了顿饭,但嘴上老是在提醒他做这些都是为了你;有人帮你找到了丢失的钥匙,顺便来一顿训导,说你太粗心大意了。没有人会渴望那种善意,因为真正的善意是快乐地付出。如果付出的时候你丝毫不快乐,就不可能是善良的。

然而很多人不这样认为。相反,很多时候快乐几乎被视为利己或浅薄的。我认识一个人,他在医院急诊室做义工。在佛罗伦萨,投身慈善事业是一项历史悠久而高尚的传统。在古代,慈善工作者会穿上黑衣服或戴上头巾,以免被人认出来。服务应该是匿名的,因为我们在帮助他人缓解痛苦时纯粹出于道德义务,而不是为了获得感激或其他回报,这种观念无可厚非。后来,这个人去参加迎新会,迎新会上别人问他为什么要做义工,他回答:"因为服务给我带来快乐。"听到这话,有位年长的成员皱了皱眉头,用责备的眼神盯了他很久。

那个表情在说:"这样做不是为了满足你的利他需求,服务必须以牺牲为基础。"可能这个皱眉的人并不完全是错的。真正的利他行为是与主流相悖的,可能会要求我们放弃某些自私的利益,例如休息、舒适、自己的时间等等。问题是,你更愿意接受一位牺牲者的帮助,还是喜欢被乐于服务的人帮忙?

毫无疑问,善意中也必然包含着快乐。而快乐与幽默密切相关,幽默就是既能看到生活的矛盾和荒谬之处,又不过于看重它们。任何人只要拥有这种能力,就不会受情感波动和日常生活中戏剧性事件的影响。诺曼·卡森曾经通过观看喜剧团体马克斯兄弟的录像带治好了自己的强直性脊柱炎，从此以后，人们开始越来越多地研究幽默这种非凡品质所带来的治疗和刺激效果。例如，有研究发现，幽默可以让我们更有创造力，刚刚看过喜剧电影的观众能比其他人更快地解决实际问题。研究还发现幽默能够缓解身体的疼痛，这个功效可相当了不起。

我们还知道幽默可以增强免疫系统，降低血压，减轻压力。多么神奇！但我们最好不要对幽默进行过度分析，在谈到幽默时要克制。很久以前，我举办过有关幽默的研讨会，那是一个错误。它是我上过的最令人丧气的课。正如马克·吐温所说，研究幽默就像活体解剖青蛙，最后只会得到死青蛙。在这里，我想谈谈自己很开心的回忆，就是在加利福尼亚的塔斯加拉禅寺见到禅学大师铃木大拙的往事。我们其实只彼此看了看对方。当时我和其他学员及徒众在冥想厅刚做完冥想练习，铃木大师随即开示。盘腿坐了两个小时之后，我急于活动四肢，想要四处走动下，又因为我正好在门附近，所以是最先离开的。可我很快就意识到自己犯了禅寺的大忌，应该让大师先走，然后其他人才能走。多么严重的错误啊！但已经为时太晚。铃木大师出门时正好从我身边经过，他看了我一眼。在我看来，他的眼神就像狂怒的武士，酷似我们有时在日本报刊上见到的那种眼神。但同时，初学者的笨拙动作又逗乐了他（别问我他是怎么做到的，我现在还在问自己）。他好像在说："不要担心，没关系。"这就是圣人平静而愉快的幽默，他看到了生活的戏剧性，知道轮回的幻梦伴随着涅槃的极乐。

现在重新回到快乐这个话题上来。快乐比较容易讨论，虽然稍纵即逝，但它关系到我们生活的基本重心。关于快乐的理论主要有两派。第一派认为，当感官之乐达到极致时，快乐就会出现，这就是享乐主义。第二派认为，只要寻得了生命的意义，就会快乐，即便要为此费尽精力并饱受挫折，这就是幸福论。"幸福主义"这个字眼来自希腊语的守护神，意思是"真正的自我"。我觉得幸福论更有说服力。重要的是我们相信什么。如果我们的生活具有了意义，快乐就会降临。

米哈里·契克森米哈赖曾说过，要想获得喜乐，仅仅有感官之乐是不够的。在他对"心流"或"最优体验"的研究中，他记录了许多人在一天中不同时刻的心情状态。他们感到轻松自在的时刻，也就是心流在活动的时刻。大体而言，他们最快乐的时候并不是坐在沙滩上放松或吃大餐的时候，而是全身心投入到某项需要自律、专注和热情的活动中时，比如下象棋、拉小提琴、读哲学书或跳舞的时候，这些活动为生活赋予了意义。

但重要的不仅是酣畅的那一刻，我们每天生活中的基本情绪也很重要。这里的基本问题是：我们是乐观主义者还是悲观主义者？很多研究表明，乐观的态度对健康大有裨益。在谈到这个话题时，马丁·塞利格曼在其著作中解释说，在演讲中使用乐观字眼的政客更有可能赢得选举，这就好比乐观的运动员更有可能取得成功。近来，新的研究热潮和积极心理学的露面让人们注意到了这个问题。同时，梅奥诊所进行的研究显示，在30年前接受过测试的839名人员中，被归类为悲观的人的死亡概率比那些乐观的人要高出40%。通常来说，乐观的心态可以保护人体免于心血管疾病，还可以提升免疫系统的功能。总而言之，乐观的人确实更快乐，花在看病上的钱也更少。

当然，我们不需要研究就能知道，快乐是个好事情。问题是，我们怎样才能快乐？或至少我们怎样才能变得更加乐观？我认为这并不太难（我很乐观）。至少每个人都可以做到这两个简单的步骤，首先我们必须要进行自我分析。无须太深究，大部分人很快就能发现有些东西妨碍了自己开心地生活：可能我们是完美主义者，或者我们总是心怀内疚，或者自视过高，又或者我们总是关注生活的消极面。令人吃惊的是，仅仅意识到这些自我破坏行为往往就足以帮助我们摆脱这些破坏性态度的掌控。毕竟，我们毕生都在追寻幸福。如果母亲不对婴儿微笑而是板起面孔的话，婴儿就会抗议并变得焦躁不安，因为他们想要看到笑脸而非冷漠的神情。阿萨吉奥里过去常说的话可能是正确的：我们生而快乐。

但是，我们却竭力让自己不开心。屡见不鲜的是，我们发现自己害怕快乐。这可能显得很荒谬：为什么我们会害怕自己最想要的东西呢？原因有好几个。首先，因为我们感到不配拥有快乐，好像快乐仅仅属于那些劳作多年的人，他们才配拥有。其次，快乐显得很轻浮：世界上那么多人都在承受痛苦，我们怎么敢快乐呢？再次，我们害怕如果自己停止痛苦并开始享受的话，其他人会嫉妒我们，最终我们会觉得自己格格不入、孤立无援。此外，我们也害怕体验到真正的快乐之后，它并不会持久，这种拥有过后的失去会让我们更加苦恼。最后，我们害怕快乐是因为怕冲昏头：快乐的力量太大，可能把我们撞得粉碎。

接近快乐的第二种方式更简单：问问自己，什么让我们快乐？这个问题很值得追问，但我们很少自问。说也奇怪，有时候一个好的问题就能改变我们的生活。什么事情让你快乐呢？享受大自然之美、陪伴心爱的人、从事体育运动、读书、演奏音乐、重新发现孤独。这个问题的答案有无数的可能，有的非常遥远，有的触手可及，我们需要做的仅仅就是好好利用这些可能性。我相信大部分人在24小时之内就能感觉到快乐，因为它们就在身边，伸手可得。对其他人而言，需要的时间可能多一点。

我们需要克服的最大疑虑是：在寻求自己的快乐时，我们不知不觉会削减他人的快乐。实际上，自私和利他主义可能是好朋友而非敌人。如果我们追寻快乐的话，我们就会更积极，对他人更坦率，也会支持他们。大量研究显示，如果我们快乐的话，我们就会更愿意利于他人；而如果我们愿意顾及他人利益，也就会更快乐。比如那些义工通常会比普通人更快乐，心理也更平衡。

此外，如果拥有良好的人际关系，我们会更快乐。各种研究显示人际关系的质量（而非数量）是幸福的源泉，甚至有研究显示，我们的健康、活力和正面情绪与人际的融洽程度成正比。恰恰是那些关注他人、参与他们的生活、设法减轻其痛苦并休戚与共的人，才最有可能获得快乐和无限喜乐。

利己主义和利他主义并不决然对立。如果我们设法让自己过得充实并充满灵感，我们就能真正帮助到他人。如果我们要把善意融入自己的生活，那就应该从此处着手。如果我们心怀怨恨，偷偷嫉妒别人比我们更幸运，抱怨事事都无法称心如意，为不顺心的事情而哭泣，或者密谋复仇……那我们又怎么能心怀善意呢？首先，我们必须弄清楚哪些事物能给我们带来快乐，这对每个人来说都很重要。然后才更有可能事事如意：快乐会让我们的人际关系更简单、更有活力，也更美好。

关键在于动机要澄明。不管是谁，只要真心善待他人而没有不可告人的动机，那就比希求回报的人更有可能快乐。"这对我有什么好处？"这个问题会干扰我们。我们担心不会真的得偿所愿、会受骗，或者我们的善举不为人所知并且无法获得回报，这样一来我们就很难乐在其中。

在古老的东方故事中，天神想要奖励一个人，因为他非常善良而且动机纯粹。天神命天使找到他，问他想要什么，并且答应无论想要什么都会让他如愿。然后，天使来到这个善良人的面前，告诉他这个好消息。他回答说："哦，但我已经很快乐了。我想要的都已经有了。"天使解释说，对神必须机智一些，如果他想给你礼物，你最好接受。然后这个善良的人回答说："既然这样，我想让所有接触到我的人感到快乐，不过不要让我知道。"自此以后，不管他出现在哪儿，那里枯萎的植物都重新焕发生机，生病的动物变得强壮，病人恢复了健康，不快乐的人卸下了重负，打斗的人和解了，深陷困扰的人找到对策。这个善良的人对这一切毫不知情，因为这些发生在他离开之后，而不是在他眼前。没有骄傲、不带期待、浑然不知却心满意足的他行遍世界，把快乐散播给每一个人。

结语

如何才能行善

我儿子乔纳森放学回家时满脸得意。"你今天做什么了？"我问他。"今天在公园大扫除了。我们戴上专门的手套，捡旧报纸、吸管、空易拉罐和瓶子、橘子皮、烟头，然后有人用特殊装置将这些东西运走。我们把公园打扫得干干净净。"

可能有些父母不以为然，但我要向那些老师致敬，因为他们向乔纳森和同学们提供了为他人服务的机会，不求回报，纯粹是为了获得内心的快乐。他们给了孩子们行善的机会。

自发清扫公园和海滩这件事，全世界各种团体都在做，它是善意的典范，不仅因为它是无私的举动、能带来益处、提升生活质量、令参与者开心，还因为它有效地回应了我们眼下的需求和问题：有人渴了，于是你给他水喝；有人灰心丧气，于是你鼓舞他；公园里满是垃圾，于是你将它打扫干净。

生活中处处有表达善意的机会

生命是相通的，我们只需要抓住表达善意的机会就好。这就好比我们凝视一幅容易造成错觉的画，只要对某个凌乱的画面盯得足够久，你就会看见一个清晰的图像浮现出来。我们需要做的就是四处留意，而不是关注烦人的例行公事或各种紧迫任务，自会发现行善的机会。它们以不同的形式连续出现，我们只要稍加留意即可。

托尔斯泰曾写了个故事，一个贫穷的鞋匠在梦里听到了上帝的声音："今天我会去找你。"然后他照例起床，开始工作。当天，他遇到了一个年轻的女人。这个女人很饿，他给了她食物。有位老人冷得瑟瑟发抖，他邀请老人进屋取暖。后来，他还照顾一对落难的母子。这些行为都是自发的，他不假思索地就这样做了。一天过去，入睡前鞋匠想起了昨晚的梦，心想那个梦并没有实现，因为他白天没有见到上帝。然后他听到上帝说："我亲爱的朋友，你没有认出我来吗？我就是那个女人、那位老人、那对母子……你遇见了我，还帮了我。我整天都在你身边。"

是的，行善的机会就在我们眼前。我们每时每刻都有机会纠正错误或帮助他人，只要我们顺势而为做出回应，就是确认了生命最真的情感和最高的价值。

表达善意的方法因人而异

有些人给孤独的朋友打电话，有些人解答学生的课业难题，有人送你自家菜园的新鲜生菜，有人在拥挤的等候室冲孩子微笑，还有人会在你拎着大包小包时替你开门，有人会终身致力于帮助忍饥挨饿的人们。

我认识一个女人，她很爱小动物，到处喂养流浪猫，还从动物收容所收养流浪狗，以免它们因为没有主人而被迫安乐死。她还专门在公寓里给鸟儿腾了个房间，好让它们自由活动。一天，她把一只松鼠带回了家。这只松鼠从她手上逃走，藏到碗橱里，但她还是每天喂它。这个小家伙很难对付，白天它会藏起来，晚上却到处乱跑，趁她睡着有时甚至会跑到她的床上。可如果放走它无异于判它死刑，因为这只松鼠不适应外面的生活。过了一段时间，我问她问题解决了没。她回答说："解决了，这只松鼠太孤单了，所以我给它找了个伴。现在有两只松鼠在家里闲逛。"对你我来说这或许是个噩梦，但对她而言，这仅仅出于爱。

正是出于这种爱，才有摄影师去孤儿院给孩子们拍照，因为好的照片可以帮助他们更容易找到收养家庭；才有老人在孩子们的家门口留下玩具。我也看到有人在寒冷的早晨给无家可归的人送去三明治和热饮，年轻的音乐家去济贫院为老人们演奏音乐。此外，很多人都在做普普通通的事情：送孩子上学、上班、做饭、接电话、清扫地板，他们都怀着善意去做这些事情。表达善意的方式是无穷无尽的，我们必须要找到我们最独特、最适合的方式。

但我们永远都不能因为内疚或被迫而去行善。我们的任务是发现自己最擅长的，哪些事能让我们感到满意，甚至让我们快乐，这才是关键所在。要找寻我们的本来面目，最简单的方式莫过于行善。

不过，有时候我们不知道自己的本来面目，善良却可以帮我们找到答案。维琴尼亚·萨提亚将自尊比喻成罐子：我们的罐子里装着什么呢？食物？垃圾？还是空空如也？我们内心又装了什么？安全？美好的回忆？聪明才智？积极正面的感受？还是羞愧？内疚？或者愤怒？我们有什么可以拿出来给人？如果要行善，我们就会面对这个问题，它将引导我们去发现连自身都未曾察觉的聪明才智。对他人的关心、沟通和合作、归属感、分享和同情，这些聪明才智是人类自古以来就拥有的，借此我们得以进化至今。如果具备了这些才能，我们的自我形象就会变得更加正面和完满。或许我们还不知道，或许已经忘了，可是事实就在那里：人性本善。

善良不仅有助于触及真实的自我，也让我们关注他人的幸福。我们的命运彼此关联。印度神祇因陀罗的宇宙中有无数闪闪发光的球体，球体之间相互反射光芒，因此互为辉映。我们也像这些发光的球体，都以某种方式包含彼此。如果向内审视自己，我们会看到自己确实在情感上参与了地球上发生的事情，也做出了反应。数以亿计的人在受苦、挨饿、忍受不公，我们又怎么能超然世外呢？

我们应对这些问题的方式检验着我们的人性。举个具体例子，"9·11"事件发生以后，你的生活发生了什么变化？"9·11"事件从哪些方面改变了你的思想？你在街上行走、旅行或哄孩子睡觉时有何感受？在我对团体和个人进行心理治疗时，我始终都在证实这次重大事故对人们的心灵究竟产生了多大的影响。我尤其会思考那些引起我们深切共鸣的痛苦：

饥饿。知道每年有1500万个孩子死于饥饿，我们还怎么能坐下来安然用餐呢？

战争。有些战争就在摄影机前发生，还有些战争一样残忍但不为我们所知。而无论什么样的战争，留下的仇恨、痛苦以及复仇的欲望又会带来各种苦难。

不公。对孩子、女人以及男人的剥削，宗教狂热，极权主义，政治迫害，酷刑折磨，世上存在多少令人发指的事。

污染。地球已经遭到虐待和破坏，她孕育了我们，可我们已经和她割裂开来。

荒原。很多人已经丢掉了灵魂，朝着消费主义这个怪物狂奔而去，或者迷失在忧郁的迷雾之中。

没有人可以忽略这些难题，因为它们每天都在以多种方式触动我们的神经。天下的难题太多太广，以至于我们无法想象仅凭个人力量可以触其毫厘，只有极少数人有能力在大范围内采取行动并激励众人。但每个人都可以在内心深处对这些巨大的灾难表明立场，都要有自己的态度。我们可能会忽略它们，以免感到痛苦。我们也可能会感到内疚，又或许会做出社交和政治方面的承诺。

善良就是在表明立场。善良本身可能无济于事，可能我们的善良起不到什么作用。我们捐出去的赈饥善款可能被挪作他用，而帮助老太太过马路也不能减轻遥远国家的贫穷。或者，即便我们在海滩上捡起一个塑料瓶，明天还会有人再丢下十个。但这不要紧，无论如何，我们已经确立了自己的原则和存在方式。

同样重要的是，要意识到微观世界就是宏观世界，每个人都是小宇宙。正如很多神秘主义者和幻想家所说，每个人都以某种微妙而神秘的方式包纳了所有人。即便我们只能给一个人的生命带来些许安慰和幸福，就已经是胜利了，就已经对这个星球上的苦难和痛苦做出了沉默而谦卑的回应。这就是起点。

只有通过无数人的主动参与以及深远的文化变革，人类的问题才能得到解决。认为善良无足轻重，这无疑是目光短浅。善良不仅可以拯救人类，而且已经在发挥效用。你有没有想过，为什么这个世界至今还没有瓦解？这个系统结构复杂得令人难以想象，却并没有陷入混乱，这堪称奇迹。邮递员每天都在送信，交通灯正常工作，列车准时运行，我们能够幸运并如愿地找到食物，报刊亭有报纸出售，大部分的儿童没有成流浪儿，打开水龙头就有水流出，按下开关灯就会亮，所有这些都归功于无数人的工作。的确，他们要以此谋生，但只要这个世界还在继续运转，我们就要感谢他们的善意，感谢他们为每个人所付出的努力。这是在感谢他们的善意，也是在感谢我们自己。

从这个角度来看，很多人的善良和好意都是宝贵的资源，不逊于石油、水、风、核能以及太阳能。我们要多关注它，想办法激发并利用它，为它开培训课程，排进学校教学，在电视上宣传它，在广告中使用它，把它变成时尚，这样它的效用就会无穷无尽（这已经发生了）。

果真如此，不久我们就会发现善良不仅会带来巨大的情感、物质和社交价值，还能让我们在日常生活的丛林中更加强大。我们会发现这是一条解放之路。

善意可以摆脱囚禁我们的负担和障碍。印度圣人罗摩克里希纳讲过这样一个故事。有个女人去探望好久未见的朋友，进入朋友的房子时，她注意到朋友收藏了很多漂亮的线轴，华丽非凡。这些五彩缤纷的线轴深深吸引了她，她难以抵制它们的诱惑，因此在朋友去其他房间时，她趁机偷了几轴藏入袖中。但这位朋友注意到了，她没有怪她，而是建议说："我们好久没见面了，来跳个舞庆祝下吧！"这个女人很尴尬但又无法拒绝，只好僵硬地跳起了舞，因为她不得不把线轴藏在袖子里。朋友让她尽情舞动胳膊，可她回答说："我不能，我只能这样跳。"罗摩克里希纳讲这个故事旨在说明，解脱就是要放下自己的财产，放下我们的角色和想法，放下我们的执着，放下我们自己。如果我们善良的话，我们会更关注他人，就不会再深深受制于专横的自我，焦虑和忧愁这两头怪兽对我们的奴役也会减轻，因为过于关注自己而带来的障碍和负担也会消失。

这可能很奇怪，也很矛盾，但却是真的：要增进我们自身的利益、发掘一己自由、瞥见幸福，最明智的方法往往不是直接追逐这些目标，而是关照他人的利益，帮助他人解除恐惧和痛苦，让他人更加幸福。最终事情就变得很简单：善待他人和善待自己之间没有区别，两者几乎是一回事。

附录

练习

| 呼 吸

每一次呼吸都体现了你的感受和想法。

每一次呼吸也能改变你的感受和想法。呼吸是治疗焦虑不安的最佳药方，可以让你更新与内心世界的联结。它会为你创造一个最佳的环境，让你意识到并展现出更高的品质，比如爱、美丽、宁静或感激。

闭上眼睛，采取舒适的坐姿，然后选择一种品质。为了清晰起见，假设你已经选择了快乐，不过这个练习对你想要选择的其他品质也有效。

花几分钟时间思考这种品质，想想它的许多益处，它是如何治愈和提升我们的生活的？

你认识的人中有谁表现出了这种特质，你在什么情景下看到过它？现阶段你对它的需求是什么？它又将怎样影响我们的思想和世界观？等等。

要认识到，和其他品质一样，快乐不仅仅是抽象的想法，更是活生生的现实。你可以在自己和他人身上感受到它；它是一种直接的体验，就像热或冷，苦或甜，快或慢。无论如何，试着去感受快乐的本质。想象你可以接触到它活生生的存在。

现在开始深呼吸。要做腹式呼吸，慢到几乎听不见。你可以感受到鼻子吸气时腹部在扩张，呼吸会变得深沉、从容而丰富。

想象你在吸入快乐，具体有形的快乐。在你吸入时，快乐填满了你，就像氧气抵达身体的最深处，你的每个细胞也都在吸入快乐。

然后呼气，呼气时想象自己正把快乐呼出到周围的空气里，你向平时遇到的人传递着快乐。

如果我们能把某种品质看作是一种有生命的东西，而不仅仅是一种思想，这有助于更好地理解我们的内心世界。我们精神的任何内容，绝不是惰性的，它们有自己的生命和思想。我们可以与之互动，从中学习并受到启发。这是一个强大的资源。

意象

符号是无意识的语言。

在梦、日常生活的隐喻、神话、艺术甚至宣传语中，符号都吸引着我们，传递出语言本身无法表达的意义，塑造我们的思想。

它们最适用于内心世界。

正如你在先前的练习中所做的，先选择一种品质。为了具体起见，我们不妨选择善意，当然也可以是任何其他的品质。

闭上眼睛，等待脑海中浮现出象征善意的意象。你什么也不用做，只需要将整个过程交给另外的那个自我。如果最初出现的意象不太令人满意，那就等待其他意象的出现。

这个意象可以来自大自然，比如说花儿、树木或动物，也可以来自人类世界，如物体或建筑物，还可以来自于你的往事。

确定了某个意象以后，就持续地审视它，将它具体化，体验它给你带来的丰富情感和意义。

然后你就会成为这个意象，也就是说，你从内部体验它。

说得更具体点，假设你想到了一朵莲花：你想象它已绽放，感受它的香味，体会它传递的无言感受。

然后你和莲花合为一体，你也拥有了莲花的美。

或者想象你选择的意象是太阳。首先将它具体化，然后花点时间去体会它在你心中激发的情感和态度。然后你会成为太阳，感到它的温暖就是你的温暖，它的光芒就是你的光芒。

探索奇妙的符号世界对我们大有益处。

┃回 想

我们的记忆是个巨大的宝库，里面充满了情感、学问、失败和成功案例、创伤、真知灼见、人物、地点以及一些无关紧要的东西。记忆常常会占据空间并闯入现在的生活中，尤其是当它们充满感情的时候。回忆可能会诱使我们难过，或者避免真正活在当下。但记忆对我们也有帮助，我们可以从中学到很多，透过记忆，我们可以激发沉睡的能量。

闭上眼睛，回想你曾以某种形式接收的善意，再次体验它。有人倾听过你、记得你的需求、感激过你、热情欢迎和关注过你、送你惊喜的礼物、在你压力过大或痛苦时安慰过你、帮你意识到自己的潜力、在面对艰巨的任务时信任并鼓励过你，或者关注和理解你，等等。

现在，记住你曾经善待他人或善待自己的时刻。你猜到朋友的需要、安抚哭泣的孩子、为饥饿的家庭提供食物、对某个学生或客户给予特别关注，或者你付出额外的努力来让陌生人开心、用话语鼓励或安抚他人，或者你在感到自己需要空间、时间、快乐和环境时，就给了自己这些东西。

当回忆并再次体验这些时光时，你发现自己更能理解善意的本质，也更多地感受到了它的影响。

你还会注意到，有些因素影响到了你行善的能力，或者诱使你对它存在偏见。例如，你行善可能是迫不得已的，当付出的善意没有得到感谢时你可能会憎恨它，或者你希望对方将来会感激你。又或许，在接受他人的善意时你会感到内疚、不知所措或害怕和对方过于亲密、接触过多。

你可以非常轻松地体验纯粹的善意，意识到这一点会对你很有用。

写下来

无疾而终的事情可能会给我们造成负担。愤怒、伤害或悔恨能把我们压垮。这就像有个电脑磁盘里面装了太多信息，因此速度非常慢，效率也很低，可能还会死机。如果没有直接面对或充分表达以往那些痛苦和负面的感受，就可能会妨碍我们的真实感觉，妨碍感情的自由流动。因此，它们可能成为我们通向善良的障碍。

要面对无疾而终的事情和大大小小的创伤，写下来是非常有用的方法。写作还可以帮我们探索潜意识的态度，阐明我们的价值观和人生观。

想想某个让你生气的人，你至今对他怒气未消，尽管没表现出来。你对他一直心存怨恨，为此心神不宁。

给他写一封信吧，写一封不打算寄出去的信。把你所有的感受写下来：受伤、激动、幻灭或暴怒。自由地表达各种无情和阴暗的想法（我们每个人都有阴影）。把你对那个人的真实感受表达出来：诋毁、残忍、挖苦、审判。尽情发泄你的感情。当然，也可能会出现一些其他截然不同的感受：喜爱、渴望、悔恨。自由地记下你的感觉，不要担心形式、语法或表达方式是否优美。

现在，再给他写一封信，但想象一下你是在受伤很久之后写的。于是，和更漫长的生命比起来，现在这伤害变得小多了。你想象自己现在老多了。事过境迁，每个人都有自己的开心和痛苦。最初的伤害不管多严重，如果将其放在更大的背景中，它就显得微不足道了。你的感觉可能和以前一样，也可能已经改变了，但不管怎样，要如实表达出来。

写完后你可能会扪心自问，你写的东西有多少不过是碎片而已，又有多少是你的正直和诚实的体现。只有你自己知道。

想 象

想象就像一个实验室。你可以用它来做实验，看看效果如何，然后再把你的想象变成现实。想象一个动作会让你更容易实际执行，因为它就像是大脑的一次排练。在想象一种态度或精神状态之后，你就能更贴近地感受它。

闭上眼睛，想象你在美丽的风景中漫步，比如在森林里、沙滩上或山路上。享受这种美景和身处其中的快乐。

走着走着，你突然意识到有人在身边以同样的速度行走。你感觉这个人是友好的，而且可以给你支持。

很快你发现这个人就是你自己……但他是你的升级版,是第二个你,他和你肩并肩地走。但这个人碰巧比你更善良、更聪明,在你克服了途中障碍之后,他就是你。他是你将来渴望成为的那个人。

你们两个继续肩并肩向前走,或者,如果你愿意的话,你们可以停下来面对彼此。另一个你的存在变得更清晰了。你能够看到他,从目光、面部表情、姿势或者声音中你意识到他拥有并展现出多少善意。

现在你想象和这另一个自己融为一体,你变成了他。从内心深处体会这种感受,透过身体体会温暖和友爱的光芒,在善的王国中品味更多的感受,例如慷慨、感激或温暖。想象一下,心怀善意而慈悲地思考让你感觉如何?

想象中的行为和态度对大脑的影响与现实中的行为和态度非常相似。换句话说,如果你没有事先在大脑里想象过,现实中你就无法做到。

▎享 受

享受美好是我们能做的最善良的事。美可以促进和培养我们关心他人、与人交往的能力。要想变得更加善良,最简单的方式莫过于享受美好。

具体的效果如下:读小说可以提升同情心,享受大自然的美景让我们与自己的根紧密相连，展会、电影和音乐会可以增强幸福感，大合唱可以激发我们的归属感，欣赏他人的内在美有助于彼此交往，对大自然的敬畏之情可以消除自我中心意识。

有个效果值得特别注意，那就是在森林中行走并领略树木的美。这不仅对健康大有裨益，还有助于提高创造力和认知力，并促使我们更加热爱社会。日本的"森林浴"就是应对压力的有效办法。

想想你在生活中可以采取哪些方式享受美。不要将美视为奢侈品或某种特殊奖励，而应视为应被满足的需求（如果得不到满足，你可能会感到不安、生气甚至压抑）。

不管是在附近的公园，还是在遥远的田野，你都可以找到很多美好的东西：电影、绘画、音乐、诗歌、剧院和展览、大自然的奇迹。你还可以在日常生活中通过很多细节来享受美。最后，同等重要的还有人的内在美、诚实、聪明以及幽默。

抽出时间去这样做。

美让我们更放松，和自己更愉悦地相处。很显然，如果我们更快乐，我们更容易对他人敞开心扉，善待他人。

致谢

首先要感谢我的妻子阅读了意大利文原稿并将它翻译成了英语。亲爱的薇薇安,如果没有你的帮助,这本书会过于拖沓且多愁善感,或者可能根本就不会存在。谢谢你的陪伴,在我的书里和我的生活中。

接下来要感谢我的经纪人琳达·迈克尔斯。亲爱的琳达,你给了我很多帮助,在写这本书之前、期间以及完稿以后,你给了我很多鼓励、灵感和具体帮助。让我们继续这样合作下去吧!

感谢劳拉·赫胥黎,亲爱的劳拉,我从你那里充分了解到善意和生活艺术。

还要感谢安德里亚·博科尼,亲爱的安德里亚,感谢你不辞劳苦读完手稿并和我讨论,你是个真正的好友。

感谢你们,特蕾莎·卡瓦诺、玛塞拉·麦克哈格以及艾希礼·谢尔比,感谢你们给我的建议。

此外,也要感谢我的孩子、亲人、朋友、合作伙伴、老师、学生,以及所有启发过我的睿智而善良的人们。

图书在版编目（CIP）数据

心灵革命：19个改变人生的善意法则 /（意）皮耶罗·费鲁奇著；聂传炎译 . — 北京：北京联合出版公司，2020.6

ISBN 978-7-5596-4094-9

Ⅰ.①心… Ⅱ.①皮…②聂… Ⅲ.①人生哲学—通俗读物 Ⅳ.① B821-49

中国版本图书馆 CIP 数据核字（2020）第 042447 号

THE POWER OF KINDNESS:THE UNEXPECTED BENEFITS OF LEADING A COMPASSIONATE LIFE
BY PIERO FERRUCCI
Copyright © 2006 BY Piero Ferrucci
This edition arranged with Piero Ferrucci
Through BIG APPLE AGENCY,INC.,LABUAN,MALAYSIA
Simplified Chinese edition copyright:
2020 Beijing Green Beans Book Co.,Ltd.
All rights reserved.

北京市版权局著作权合同登记号：图字号 01-2020-1686

心灵革命：19个改变人生的善意法则

总 策 划：苏　元
责任编辑：管　文
特约编辑：刘　玲
封面设计：主语设计

北京联合出版公司出版
（北京市西城区德外大街83号楼9层　100088）
北京联合天畅发行公司发行
河北鹏润印刷有限公司印刷　新华书店经销
字数150千字　710mm×1000mm　1/16　18印张
2020年6月第1版　2020年6月第1次印刷
ISBN 978-7-5596-4094-9
定价：42.80元

未经许可，不得以任何方式复制或抄袭本书部分或全部内容。
版权所有，侵权必究。
本书若有质量问题，请与本公司图书销售中心联系调换。
电话：(010) 64258472-800